Elmehdi Alibi

BADRDUINO , Conception d'un système ARDUINO connecté

Elmehdi Alibi

BADRDUINO , Conception d'un système ARDUINO connecté

Etude théorique et pratique

Presses Académiques Francophones

Impressum / Mentions légales

Bibliografische Information der Deutschen Nationalbibliothek: Die Deutsche Nationalbibliothek verzeichnet diese Publikation in der Deutschen Nationalbibliografie; detaillierte bibliografische Daten sind im Internet über http://dnb.d-nb.de abrufbar.

Alle in diesem Buch genannten Marken und Produktnamen unterliegen warenzeichen-, marken- oder patentrechtlichem Schutz bzw. sind Warenzeichen oder eingetragene Warenzeichen der jeweiligen Inhaber. Die Wiedergabe von Marken, Produktnamen, Gebrauchsnamen, Handelsnamen, Warenbezeichnungen u.s.w. in diesem Werk berechtigt auch ohne besondere Kennzeichnung nicht zu der Annahme, dass solche Namen im Sinne der Warenzeichen- und Markenschutzgesetzgebung als frei zu betrachten wären und daher von jedermann benutzt werden dürften.

Information bibliographique publiée par la Deutsche Nationalbibliothek: La Deutsche Nationalbibliothek inscrit cette publication à la Deutsche Nationalbibliografie; des données bibliographiques détaillées sont disponibles sur internet à l'adresse http://dnb.d-nb.de.

Toutes marques et noms de produits mentionnés dans ce livre demeurent sous la protection des marques, des marques déposées et des brevets, et sont des marques ou des marques déposées de leurs détenteurs respectifs. L'utilisation des marques, noms de produits, noms communs, noms commerciaux, descriptions de produits, etc, même sans qu'ils soient mentionnés de façon particulière dans ce livre ne signifie en aucune façon que ces noms peuvent être utilisés sans restriction à l'égard de la législation pour la protection des marques et des marques déposées et pourraient donc être utilisés par quiconque.

Coverbild / Photo de couverture: www.ingimage.com

Verlag / Editeur:
Presses Académiques Francophones
ist ein Imprint der / est une marque déposée de
OmniScriptum GmbH & Co. KG
Heinrich-Böcking-Str. 6-8, 66121 Saarbrücken, Deutschland / Allemagne
Email: info@presses-academiques.com

Herstellung: siehe letzte Seite /
Impression: voir la dernière page
ISBN: 978-3-8381-4254-8

Copyright / Droit d'auteur © 2014 OmniScriptum GmbH & Co. KG
Alle Rechte vorbehalten. / Tous droits réservés. Saarbrücken 2014

Dédicaces

Le présent ouvrage n'aurait pas été possible, sans le soutien de certaines personnes. Je ne suis pas capable de dire dans les mots qui conviennent, le rôle qu'elles ont pu jouer à mes côtés pour en arriver là. Cependant, je voudrais témoigner ici tous mes sentiments de gratitude qui viennent du fond de mon cœur, en acceptant mes remerciements.

J'adresse un retentissant hommage à mon Père *Alibi Abdeljalil* et ma mère *Alibi Fatma*, qui m'ont soutenue et qui continuent de le faire.

Mes remerciements vont aussi à ma merveilleuse, splendide et vertueuse épouse, *Gammoudi Bahrezzine* , dont je ne pourrai mesurer l'apport dans l'accomplissement de ce travail.

De plus, mes remerciements seraient incomplets, si je ne fais pas mention de mes frères, sœurs et amis qui m'ont soutenue durant toute ma vie.

Table des matières

TABLE DES MATIERES 1
LISTE DES FIGURES 3
LISTE DES TABLEAUX 4

CHAPITRE I : INTRODUCTION 5
   I- INTRODUCTION : 6
   II- PROBLEMATIQUE : 6
   III- ARDUINO : 7

CHAPITRE II: TECHNOLOGIES UTILISEES 11
   I- INTRODUCTION 13
   II- BUS I2C 13
   III- PROTOCOLE SPI 18
   IV- MICROCONTROLEUR ATMEGA328 23
   V- RESEAU 27
   VI- LE CIRCUIT DE RESEAU ENC28J68 29
   VII- CARTE MEMOIRE 36

CHAPITRE III : ETUDE HARDWARE 41
   I- INTRODUCTION : 43
   II- ALIMENTATION 44
   III- HORLOGE RTC 45
   IV- EEPROM 47
   V- MICROCONTROLEUR 50
   VI- RESEAU 53
   VII- MONTAGE COMPLET : 55

CHAPITRE IV : ETUDE DU LOGICIEL 57
   I- INTRODUCTION 59
   II- EEPROM 59
   III- RTC 63
   IV- ENTREES SORTIES NUMERIQUES 65
   V- ENTREES ANALOGIQUES 66
   VI- RESEAU/ETHERNET 68

CHAPITRE V : REALISATION PRATIQUE 79
    I.   INTRODUCTION 81
    II. CIRCUIT IMPRIME 81
    GLOSSAIRE 83
    BIBLIOGRAPHIE 84

Liste des figures

Figure 1 Carte Arduino Uno _____ 8
Figure 2 Logiciel Arduino _____ 8
Figure 3 exemples de mise en œuvre d'un bus I2C _____ 14
Figure 4 schéma fonctionnel bus I2C _____ 15
Figure 5 formes de signal transmis sur le Bus I2C _____ 16
Figure 6 Diagramme de transmission d'un octet _____ 17
Figure 7 transmission de l'adresse sur bus I2C _____ 17
Figure 8 : diagramme d'écriture de données _____ 18
Figure 9 : diagramme de lecture de données _____ 18
Figure 10 Principe général d'un bus SPI _____ 19
Figure 11 Synoptique d'une liaison SPI Maître-Esclave _____ 20
Figure 12 polarisation de la ligne MISO _____ 20
Figure 13 Exemple d'une transmission de données SPI de 1 octet pour CPHA=0 _____ 21
Figure 14 Synoptique d'une liaison SPI Maître-Multi-Esclaves _____ 22
Figure 15 brochage de l'Atmega328 en boitier PDIP _____ 24
Figure 16 schéma bloc de l'ATMEGA328 _____ 26
Figure 17 Capacité de mémoire de l'ATMEGA328 _____ 26
Figure 18 :Modèle en 7 couches de l'OSI _____ 29
Figure 19 Architecture ENC28J60 _____ 30
Figure 20 Brochage ENC28J68 _____ 31
Figure 21 principales connexions électriques du circuit ENC28J60 _____ 31
Figure 22 :Principaux blocs fonctionnels ENC28J60 _____ 32
Figure 23 Interconnexion avec l'extérieur _____ 34
Figure 24 Structure interne d'un transformateur réseau. _____ 35
Figure 25 Aspect d'un transformateur réseau. Ici le FB2022. _____ 35
Figure 26 Aspect de l'embase avec transformateur intégré _____ 35
Figure 27 Schéma électrique interne équivalent de la fiche avec transformateur _____ 35
Figure 28 Différents types de carte mémoire _____ 37
Figure 29 Représentation de différentes broches d'une carte SD _____ 37
Figure 30 : circuit d'alimentation _____ 44
Figure 31 Brochage du DS1307 _____ 45
Figure 32 : Montage typique du DS1307 _____ 46
Figure 33 Montage du DS1307 _____ 46
Figure 34 simulation RTC _____ 47
Figure 35 : brochage 24LC512 _____ 48
Figure 36 : Adressage d'un EEPROM 24LC512 _____ 48
Figure 37 : Montage du 24LC512 _____ 49
Figure 38 simulation EEPROM _____ 50
Figure 39 Circuit de base Arduino _____ 51
Figure 40 représentation d'une carte Arduino UNO _____ 52
Figure 41 Montage réseau _____ 54
Figure 42: Montage complet de la carte _____ 55
Figure 43: Simple serveur web _____ 72
Figure 44 : résultat du programme avec broche 3 passé en paramètre _____ 77
Figure 45: circuit imprimé côté cuivre _____ 82
Figure 46: circuit imprimé côté composants _____ 82

Liste des tableaux

Tableau 1: caractéristique d'un arduino Uno ___ *9*
Tableau 2 Brochage d'une carte mémoire ___ *38*

CHAPITRE I : INTRODUCTION

I- Introduction

Les systèmes embarqués de nos jours prennent une place importante dans tous les domaines de la vie quotidienne : l'aéronautique, l'automobile, la défense, les télécoms, le médical, la domotique, les services aux personnes,... L'intégration des systèmes embarqués dans les produits industriels est devenue une des principales sources d'innovation.

II- Problématique

Vu le rôle principal que joue la technologie dans l'industrie, il est primordial de produire des appareils qui répondent à des besoins spécifiques pour chaque industrie. Des appareils qui collectent les données de l'environnement industriel et permettent d'interagir avec lui.

L'ouvrage en cours s'inscrit dans ce cadre, il a pour but d'étudier et concevoir un système embarqué pour le milieu industriel, basé sur le système ARDUINO.

Tout au long de ce document nous allons étudier les différents protocoles et technologies présents dans l'ARDUINO, pour pouvoir cerner les technologies utilisées et par la suite concevoir ce système.

L'objectif fixé est la conception d'une carte électronique qui soit :

- Compatible côté logiciel avec Arduino
- Facile à réaliser
- Et qui intègre le maximum d'outils pour communiquer, enregistrer les données et horodater ces données

III- Arduino

III.1. Historique du projet Arduino :

Le projet Arduino est issu d'une équipe d'enseignants et d'étudiants de l'école de design d'Interaction d'Ivrea 1 (Italie). Ils ont rencontré un problème majeur à cette période (avant 2003- 2004) : les outils nécessaires à la création de projets d'interactivité étaient complexes et coûteux, ce qui rendait difficile le développement par les étudiants des projets et ceci ralentissait la mise en œuvre concrète.

Les outils de prototypage étaient puissants mais difficiles à apprendre et à utiliser pour les débutants. Ils ont travaillé pour réaliser un matériel moins cher et plus facile à utiliser. En 2003 ,Hernando Barragan, pour sa thèse de fin d'études, avait entrepris le développement d'une carte électronique dénommée Wiring, avec un environnement de programmation libre et ouvert. Avec un langage de programmation facile d'accès et adaptée aux développements de projets de designers, la carte Wiring a donc inspiré le projet Arduino (2005). L'objectif était d'arriver à un dispositif simple à utiliser, avec faible coût , les codes et les plans « libres » (c'est-à-dire dont les sources sont ouvertes et peuvent être modifiées, améliorées, distribuées par les utilisateurs eux-mêmes) et « multi-plates-formes » (indépendant du système d'exploitation utilisé).

Arduino est conçu par une équipe de professeurs et d'étudiants constitué par David Mellis, Tom Igoe, Gianluca Martino, Massimo Banzi , David Cuartielles, Nicholas Zambetti.

III.2. Matériel :

La carte Arduino repose sur un microcontrôleur associé à des entrées et sorties qui permettent à l'utilisateur de brancher différents types d'éléments externes : des capteurs qui collectent des informations, des actionneurs qui agissent sur le monde physique.

Le logiciel Arduino et son circuit électronique sont librement disponibles sur internet, ainsi on peut les étudier et créer des dérivés. Nous trouvons plusieurs constructeurs qui proposent différents modèles de circuits électroniques programmables et utilisables avec le logiciel Arduino.

Figure 1 Carte Arduino Uno

III.3. LOGICIEL

L'environnement de programmation Arduino (IDE) est une application écrite en Java . L'IDE permet d'écrire, de modifier un programme et de le convertir en une série d'instructions compréhensibles pour la carte.

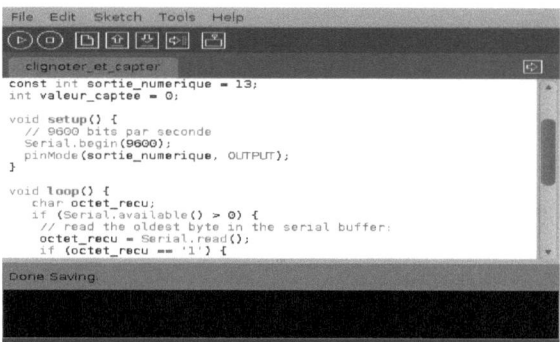

Figure 2 Logiciel Arduino

III.4. Arduino Uno

III.4.1. Vue d'ensemble

L'Arduino Uno est une carte à microcontrôleur basée sur l'ATmega328. Il dispose de 14 broches numériques d'entrée / sortie, 6 entrées analogiques, une connexion USB, une prise d'alimentation, un connecteur ICSP, et un bouton de réinitialisation. Il suffit de le connecter à un ordinateur avec un câble USB ou de l'alimenter avec un adaptateur secteur ou batterie pour démarrer.

III.4.2. Résumé

Microcontrôleur	ATmega328
Tension de fonctionnement	5V
Tension d'entrée (recommandé)	7-12V
Tension d'entrée (limites)	6-20V
E/S digitales	14 (dont 6 fournissent sortie PWM)
Broches d'entrée analogiques	6
Courant par broche de sortie	40 mA
Courant pour broche tension 3.3V	50 mA
Mémoire Flash	32 KB (ATmega328) dont 0,5 Ko utilisés par bootloader
SRAM	2 KB (ATmega328)
EEPROM	1 KB (ATmega328)
Vitesse d'horloge	16 MHz

Tableau 1: caractéristique d'un arduino Uno

III.4.3. Mémoire

L'ATmega328 possède 32 Ko (dont 0,5 KB utilisé pour le *Bootloader*). Il dispose également 2 KB de SRAM et 1 Ko de mémoire EEPROM . Chacune des 14 broches digitales peut être utilisée en entrée ou en sortie, Ils fonctionnent à 5 volts. Chaque broche peut fournir ou recevoir un maximum de 40 mA. Certaines broches ont des fonctions spécialisées:

- **Serial: 0 (RX) et 1 (TX)** Permet de recevoir (RX) et transmettre (TX) des données **série.**
- **Interruptions externes: 2 et 3** Ces broches peuvent être configurées pour déclencher une interruption sur un état bas, un front montant ou descendant, ou un changement de valeur.
- **PWM: 3, 5, 6, 9, 10, 11** sortie PWM 8 bits
- **SPI: 10(SS), 11(MOSI), 12(MISO), 13(SCK)** Ces broches supportent la communication SPI.
- **LED: 13** Il est équipé d'un LED connecté à la broche numérique 13.
- **Entrées analogiques : 6 entrées analogiques A0 à A5, résolution 10 bits, acceptent des tensions de 0 à 5V.** Il est possible de changer l'extrémité supérieure de la fourchette d'entrée en utilisant la broche AREF et la fonction *analogReference()*.
- **I2C (nommé aussi TWI): A4 ou SDA et A5 ou SCL**
- **AREF.** Tension de référence pour les entrées analogiques.

III.4.4. Communication

L'Arduino Uno dispose de plusieurs moyens de communication ; un UART de commu-nication série, qui est disponible sur les broches numériques 0 (RX) et 1 (TX). Les LEDs RX et TX sur la carte clignotent lorsque des données sont transmises via le bus USB-série. Ceci est pareil pour la communication via bus I2C (TWI) et bus SPI.

III.5. Programmation

L'Arduino Uno peut être programmé avec le logiciel Arduino. L'ATmega328 sur l'Arduino Uno vient pré chargé avec un bootloader qui vous permet de charger un nouveau code sans l'utilisation d'un programmeur externe. Vous pouvez également contourner le bootloader et programmer le microcontrôleur grâce à l'ICSP (In-Circuit Serial Programming).

CHAPITRE II: Technologies utilisées

I- Introduction

Dans un système embarqué on trouve plusieurs technologies qui sont utilisées et ont un rôle primordial dans le fonctionnement du système. Il est important de bien connaitre ces technologies pour pouvoir concevoir un système qui les intègre ensemble.

Dans notre cas le microcontrôleur, le circuit de communication réseau, les bus de transmission de données sont des sous systèmes à étudier.

II- Bus I2C

1. Introduction :

Le bus I2C (IIC : Inter-IC-Communication) permet la connexion des circuits intégrés qui se trouvent à une distance maximale de 1m. Les caractéristiques électriques et le protocole de communication ont été développés au début des années 1980, par Philips, le but étant de minimiser les liaisons entre les circuits intégrés numériques de ses produits (Téléviseurs, éléments Hi Fi, magnétoscopes, ...). Le bus I2C est devenu un standard industriel utilisé par de très nombreux constructeurs.

2. Caractéristiques

Le bus I2C permet de communiquer très divers composants électroniques à traves seulement trois fils : une ligne de données (SDA), une ligne d'horloge (SCL), et une ligne de référence électrique (masse).

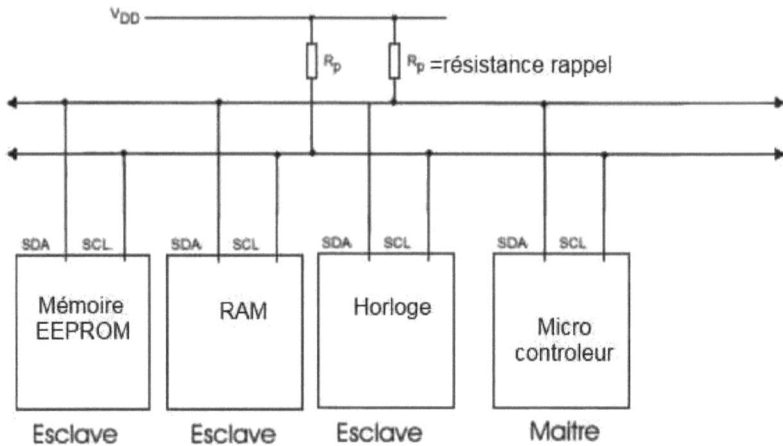

Figure 3 exemples de mise en œuvre d'un bus I2C

Il s'agit d'une liaison série, cela signifie que la vitesse de transfert est plus faible qu'avec une liaison parallèle. Le bus I2C permet des vitesses d'échange de données de 100 kbits/s (mode standard) ,400 kbps (fast mode), 3,2 Mbps (high-speed mode).

Le but d'un bus I2C n'est pas de réaliser une vitesse de transmission élevée mais de permettre de réduire la complexité des circuits imprimés à réaliser. C'est sans doute pour cela que de nombreux fabricants ont adoptés le système : microcontrôleurs, convertisseurs A/N et N/A, mémoires (RAM, EPROM, EEPROM, etc.), capteurs de température, circuits audio (égaliseur, contrôle de volume, etc.) … etc

Puisque le bus I2C permet de relier de nombreux composants sur la même ligne , ce nombre est essentiellement limité par la charge capacitive des lignes SDA et SCL : **400 pF**

3. Principe

Pour se connecter à un bus I2C il faut deux fils de communication et une masse. Les lignes sont **SDA** (Signal DAta), pour transmettre les données, SCL

(Signal CLock) pour transmettre un signal d'horloge synchrone (ce signal permet de synchroniser les échanges entre le maître et l'esclave). Les tensions des niveaux logiques dépendent de la technologie des circuits en présence (CMOS, TTL). Il faut que tous les circuits connectés au bus I2C utilisent les mêmes tensions pour définir les niveaux haut et bas. Cela implique que tous les composants connectés à un même bus soient alimentés de façon identique.

Etant donnée que les différents esclaves sont présents sur le même bus, certains vont être à l'état haut d'autres seront à l'état bas en même temps, ce qui va créer un problème. Ce ci est évité à l'aide d'un astuce technologique basique : mettre les sorties à collecteur ouvert (ou à drain ouvert pour les circuits CMOS), ainsi le niveau sur la ligne sera une fonction « ET » de toutes les sorties connectées.

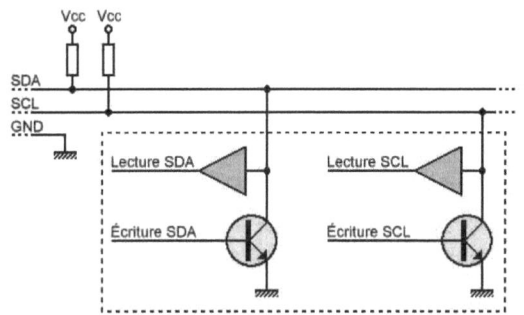

Figure 4 schéma fonctionnel bus I2C

4. Le protocole I2C

La communication sur le bus I2C est organisée comme suit :

> ➢ Le **Maître** envoie sur le bus l'adresse du composant (esclave) avec lequel il veut communiquer, chaque esclave a une adresse fixe ;

> L'**esclav**e reconnaît son adresse et répond par un signal de confirmation, ensuite le **Maître** continue la procédure de communication (écriture/lecture) ;
> Les transactions sont confirmées par un **ACK (Acknowldge)**.

Le déroulement d'une communication I2C :
- ❖ Au repos : SDA et SCL à 1 ;
- ❖ Conditions de transmissions de données :
  - Départ : SDA = 0 et SCL = 1,
  - Arrêt : SDA= 1 et SCL = 1 ;
- ❖ Si le bus est libre on prend le contrôle, le maître génère un signal d'horloge.

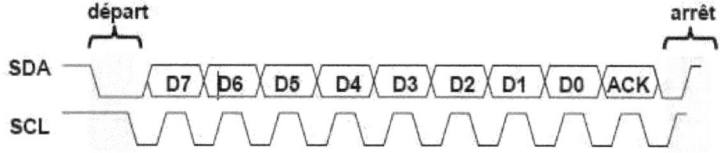

Figure 5 formes de signal transmis sur le Bus I2C

Comment transmettre un octet
- ❖ Le maître transmet le bit de poids fort D7 sur SDA ;
- ❖ Le maitre valide la donnée en appliquant un niveau 1 sur SCL ;
- ❖ SCL revient à 0, le maitre poursuit avec D6, … jusqu'à ce que l'octet soit envoyé ;
- ❖ Le maitre envoie le bit ACK à 1 ;
- ❖ L'esclave doit répondre par un 0 pour indiquer que la transmission s'est effectuée correctement. Le maître voit le 0 et peut passer à la suite.

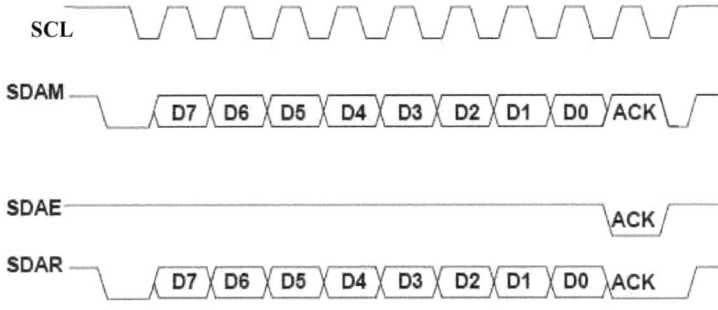

SCL : Horloge imposée par le maître
SDAM : Niveaux de SDA imposés par le maître
SDAE : Niveaux de SDA imposés par l'esclave
SDAR : Niveaux de SDA réels résultants

Figure 6 Diagramme de transmission d'un octet

Transmission d'une adresse

❖ Chaque composant (esclave) doit avoir une adresse unique codée sur 7 bits ;

❖ L'adresse est fournie sous la forme suivante :

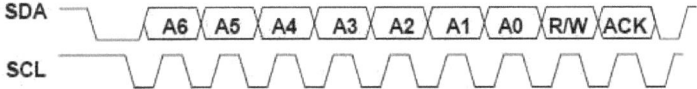

Figure 7 transmission de l'adresse sur bus I2C

remarque : le bit R/W détermine si le maître veut lire ou écrire.

Ecriture d'une donnée :

Pour écrire une donnée il faut suivre cette procédure :

❖ Envoi de l'adresse ;

❖ Mode écriture (R/W à 0) ;

❖ Envoi de la donnée.

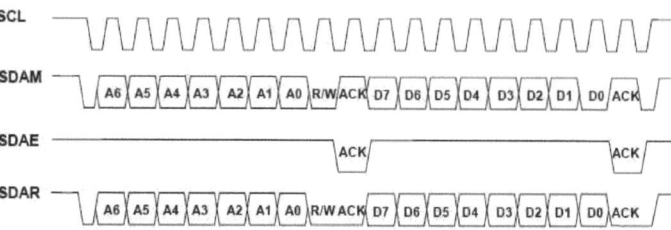

Figure 8 : diagramme d'écriture de données

Lecture d'une donnée

Pour lire une donnée il faut suivre cette procédure :

- ❖ Le maître envoie l'adresse puis attend l'ACK de l'esclave ;
- ❖ L'esclave émet les données sur SDA.
- ❖ Le maître positionne ACK à 0 pour continuer la lecture ou à 1 pour stopper la transmission.

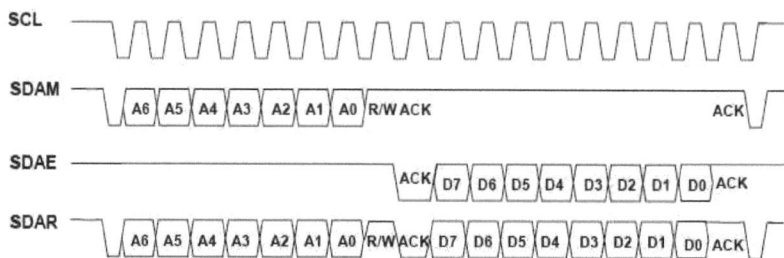

Figure 9 : diagramme de lecture de données

III-Protocole SPI

1. Introduction :

Les appareils grand public sont devenus sophistiqués et complexes, ce qui a rendu impossible d'échanger les informations sur des liaisons parallèles qui sont encombrantes. Alors l'échange de données entre les composants se fait maintenant avec des bus série. Le bus SPI (*Synchronous Peripheral Interface*), a été initialement développé par Motorola. Ensuite d'autres fabricants (Microchip, Atmel, Texas Instrument...) ont adopté ce type de liaison qui est devenu un standard.

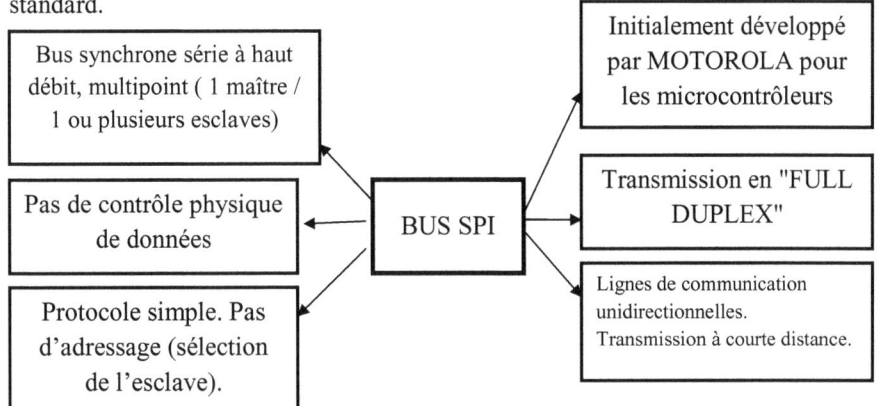

Figure 10 Principe général d'un bus SPI

Le bus SPI est utilisé pour la communication rapide de données entre périphériques comme les mémoires, les systèmes d'affichage, carte SD, etc.

1. Les caractéristiques de fonctionnement du bus SPI

L'échange de données se fait par des octets. La transmission s'effectue sur 2 fils monodirectionnels (nommés MOSI, MISO).L'horloge est indépendante, pilotée par le maître permet de synchroniser les échanges .La fréquence de l'horloge de transmission est comprise entre 1 Mhz et 20 Mhz .A l'opposé du bus I2C, il n'y a pas d'adressage des esclaves . L'esclave devient actif au moyen d'une ligne de sélection de boîtier dédiée (CS).Le bus est constitué de 3 fils auxquels il faut ajouter les fils de sélection d'esclave.

- ✓ **SCLK (serial clock)** :Horloge du bus (générée par le maître).
- ✓ **MOSI (Master Out Slave In)** : Données du maître vers l'esclave actif.
- ✓ **MISO (Master In Slave Out)** : Données de l'esclave actif vers le maître.

✓ **SSn** (Slave Select n) : Sélection de l'esclave n à destination de la transmission.

2. Synoptique d'une liaison SPI Maître-Esclave

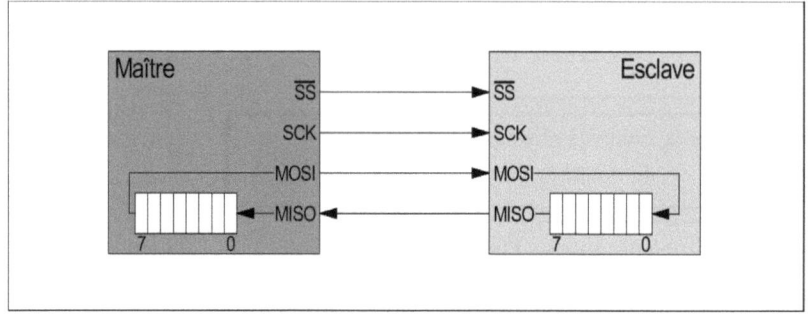

Figure 11 Synoptique d'une liaison SPI Maître-Esclave

On utilise le principe du registre à décalage. Dans le cas ci-dessus, il faut 8 périodes d'horloge, pour que l'octet passe du registre du maître à celui de l'esclave et inversement le registre d'esclave est passé dans celui du maître (full-duplex : transfert simultané). On remarque qu'il ne peut pas y avoir de collisions lors du transfert, donc il n'y a pas besoin d'arbitrage.

3. Polarisation de la ligne MISO

Lorsque le bus est inutilisé, (aucun esclave n'est sélectionné), la ligne MISO est à l'état haute impédance, donc sans état logique. Ce ci est évité par l'utilisation d'une résistance de polarisation, de 5 à 50 kOhms,

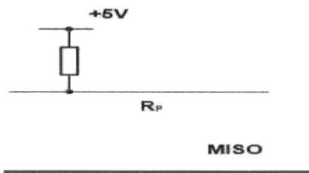

Figure 12 polarisation de la ligne MISO

4. Format de transfert de données

Le protocole bus SPI détermine le type de signal d'horloge (SCK) grâce à deux paramètres: le bit de poids fort CPOL (Clock Polarity) et le bit de poids faible CPHA (Clock Phase). Il en résulte quatre différents modes de transmission. Ces paramètres de réglage déterminent le front d'horloge sur lequel les données sont transmises (front montant /front descendant), et le moment de modification de ces données. Pour une transmission de données correcte il est important que ces paramètres soient réglés de manière identique pour tous les appareils reliés au bus.

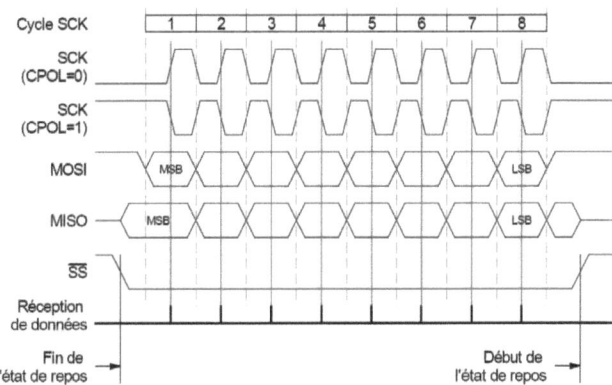

Figure 13 Exemple d'une transmission de données SPI de 1 octet pour CPHA=0

5. Synoptique d'une liaison SPI Maître-Multi-Esclaves

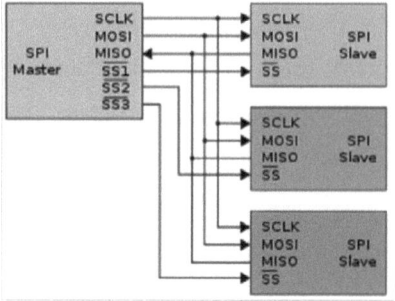

Figure 14 Synoptique d'une liaison SPI Maître-Multi-Esclaves

Le maître sélectionne un seul esclave avec lequel il veut communiquer par la mise à niveau logique zéro de /SS (ou /CS) de l'esclave souhaité, puis, après 8 fronts d'horloge, l'octet de donnée est transféré. La patte MISO de l'esclave non sélectionné est à l'état haute impédance. Le nombre d'esclaves est limité par les broches de sélection du maître.

6. Bus SPI et niveaux électriques

Les signaux échangés sont de types TTL ou CMOS selon la technologie des différents éléments du circuit. Il faut envisager dans certains cas de placer des résistances de Pull-up.

Si on utilise des composants de tension d'alimentation différente (un microcontrôleur en 5v et un capteur en 3.3v), il faut procéder à une adaptation du niveau de tension des broches MOSI, SS, SCLK (la MISO n'est pas affectée car compatible avec le microcontrôleur).

IV- Microcontrôleur ATMEGA328

1. Introduction :

L'ATmega328 est un microcontrôleur fabriqué par la société ATMEL, il appartient à la famille **ATMEGA,** qui sont des modèles à 8 bits **AVR** basés sur l'architecture **RISC.**

L'ATMEGA sont des microcontrôleurs qui exécutent des instructions dans un cycle d'horloge simple, ainsi il réalise des opérations de 1 **MIPS** par **MHZ** permettant de réaliser des systèmes à faible consommation électrique et simple au niveau électronique.

2. L'Architecture

Le cœur **AVR** combine un jeu de 131 instructions, avec 32 registres spéciaux travaillant directement avec l'Unité Arithmétique de Logique **ALU**, qui représente le registre d'accumulateur **A** (**B** ou **D**) dans les microcontrôleurs classiques. Ces registres spéciaux permettent à deux registres indépendants d'être en accès direct par l'intermédiaire d'une simple instruction et exécuté sur un seul cycle d'horloge. Ce qui signifie que pendant un cycle d'horloge simple l'Unité Arithmétique et Logique **ALU** exécute l'opération et le résultat est stocké en arrière dans le registre de sortie, le tout dans un cycle d'horloge. L'architecture résultante est plus efficace et réalise des opérations jusqu'à dix fois plus rapidement qu'avec des microcontrôleurs conventionnels **CISC**.

Les registres spéciaux sont dits aussi registres d'accès rapide et 6 des 32 registres peuvent être employés comme trois registres d'adresse 16 bits pour l'adressage indirect d'espace de données (**X, Y & Z**). Le troisième **Z** est aussi employé comme indicateur d'adresse pour la fonction de consultation de table des constantes.

Les informations sont transmises sur un bus de données à 8 bits. Le microcontrôleur possède aussi un mode veille qui arrête l'unité centrale, La reprise du fonctionnement peut se faire via la **SRAM**, les Timer/Compteurs, l'interface **SPI**. Lors de la veille, le mode économie sauve le contenu des registres et gèle l'oscillateur, mettant hors de service toutes les autres fonctions du circuit avant qu'une éventuelle interruption logicielle ou matérielle ne soit émise. L'oscillateur du minuteur continue à fonctionner, permettant à l'utilisateur d'entretenir le minuteur **RTC** tandis que le reste du dispositif est en veille.

La mémoire **FLASH** est reprogrammable par le système avec l'interface **SPI** ou par un programmateur de mémoire conventionnel.

3. Présentation Physique

L'**ATMEGA328** se présente sous la forme d'un circuit intégré à 28 broches pour le modèle en boîtier **PPID** et aussi en boîtier **TQFP/MLF**.

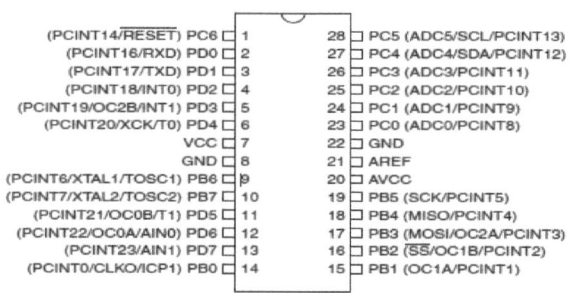

Figure 15 brochage de l'Atmega328 en boitier PDIP

- **Port B (PB7.. PB0)** le Port B est un port d'entrée-sortie à 8 bits bidirectionnel avec des résistances internes de tirage (choisi pour chaque bit). Il sert aussi de comparateur analogique (sortie sur **PB2**,**PB3**), ou de **SPI**.

- **Port C (PC7.. PC0)** le Port C est un port d'entrée-sortie à 8 bits bidirectionnel avec des résistances internes de tirage (choisi pour chaque bit). Il sert aussi comme oscillateur pour le Timer/Compteur2 et d'interface **I2C**.
- **Port D (PD7.. PD0)** le Port D est un port d'entrée-sortie à 8 bits bidirectionnel avec des résistances internes de tirage (choisi pour chaque bit). Il sert aussi d'**USART** et d'entrées pour les interruptions externes.
- **RESET** déclenché par un front descendant maintenu plus de 50 ns il produira le Reset du microcontrôleur, même si l'horloge ne court pas.
- **XTAL1** Entrée de l'oscillateur externe ou libre pour l'horloge interne.
- **XTAL2** Production de l'amplificateur d'oscillateur.
- **AVCC** est une broche de tension d'alimentation pour le Convertisseur **A/D** qui doit être connecté à **VCC** via un filtre passe-bas pour éviter les parasites.
- **AREF** est l'entrée de référence analogue pour le Convertisseur **A/D** avec une tension dans la gamme de **2 V** à **AVCC** avec filtre passe bas.
- **AGND** masse Analogique. Si la masse analogique est séparée de la masse générale, brancher cette broche sur la masse analogique, sinon, connecter cette broche à la masse générale **GND**.
- **VCC** broches d'alimentation du microcontrôleur (+3 à +5V).
- **GND** masse de l'alimentation.

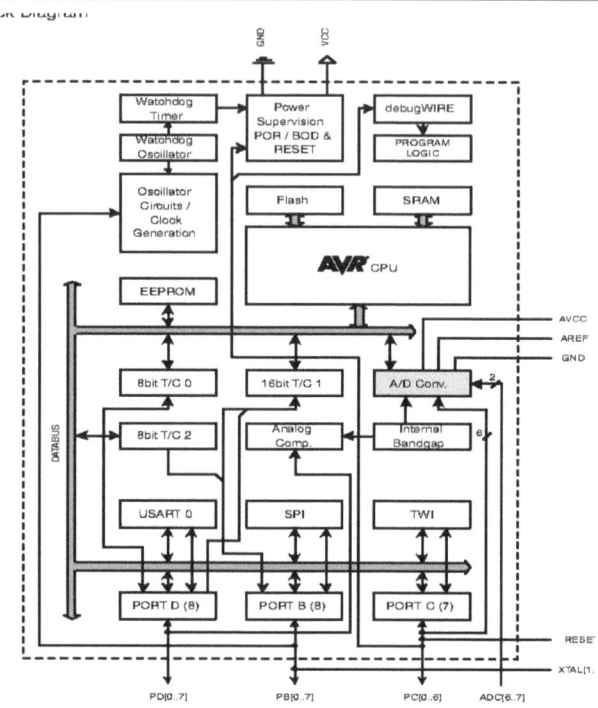

Figure 16 schéma bloc de l'ATMEGA328

L'ATMEGA328 possède 32Kb de mémoire flash, 1Kb de mémoire EEPROM et 2Kb de RAM

Device	Flash	EEPROM	RAM	Interrupt Vector Size
ATmega48A	4KBytes	256Bytes	512Bytes	1 instruction word/vector
ATmega48PA	4KBytes	256Bytes	512Bytes	1 instruction word/vector
ATmega88A	8KBytes	512Bytes	1KBytes	1 instruction word/vector
ATmega88PA	8KBytes	512Bytes	1KBytes	1 instruction word/vector
ATmega168A	16KBytes	512Bytes	1KBytes	2 instruction words/vector
ATmega168PA	16KBytes	512Bytes	1KBytes	2 instruction words/vector
ATmega328	32KBytes	1KBytes	2KBytes	2 instruction words/vector
ATmega328P	32KBytes	1KBytes	2KBytes	2 instruction words/vector

Figure 17 Capacité de mémoire de l'ATMEGA328

V- Réseau

1. IP Embarqué

1.1. Présentation de TCP/IP

1.1.1. Généralités

Le protocole TCP/IP est un protocole pour se connecter sur Réseau/Internet. L'ensemble de la chaîne est décomposée en 4 couches :

1. Application (ex : POP3, HTML)

2. Transport (ex : TCP, UDP)

3. Réseau (ex : IP, ICMP)

4. Physique (ex : Ethernet, modem, Wifi)

Nous nous préoccuperons du cas de l'Ethernet. L'Ethernet est composé de deux couches : une couche physique (nommée couche PHY) et une couche MAC.

La couche PHY s'occupe de la transmission des signaux électriques. C'est le lien entre le câble RJ45 (et donc l'extérieur) et le reste du système. La couche MAC s'occupe de la partie logicielle et permet de délimiter les trames entrantes et sortantes ; c'est au niveau de cette couche que l'on a jouté l'adresse MAC.

1.1.2. TCP/IP embarqué

Le protocole TCP/IP est déployé sur les systèmes embarqués, le nombre d'applications qui ont besoin d'un accès Internet est en nette augmentation. Donc on trouve plusieurs implantations de ce protocole sur divers microcontrôleurs.

1.1.3. Modèle OSI :

Les données à transmettre d'une machine à une autre sont décomposées à l'émission en petits blocs munis de l'adresse du destinataire, envoyés sur le réseau puis réassemblés à la réception pour restaurer les données d'origine. Ce concept facilite le partage de la bande passante du réseau. Partant de ce concept, un modèle d'architecture pour les protocoles de communication a été développé par l'ISO (International Standards Organisation) entre 1977 et 1984. Ce modèle se nomme OSI « Open Systems Interconnection Reference Model ». Le modèle OSI est constitué de sept couches. À chaque couche est associée une fonction, l'information traverse ces couches. Une couche ne définit pas un protocole, elle délimite un service qui peut être réalisé par plusieurs protocoles de différentes origines. Chaque couche peut contenir plusieurs protocoles. Un des intérêts majeurs du modèle en couches est de séparer la notion de communication, des problèmes liés à la technologie employée pour véhiculer les données. Les couches sont :

7 : *La couche application (Application layer)* est constituée des programmes d'applications ou services, qui se servent du réseau. Ils ne sont pas forcément accessibles à l'utilisateur, car ils peuvent être réservés à un usage d'administration.

6 : *La couche de présentation (Présentation layer)* met en forme les données suivant les standards locaux ou particuliers à l'application.

5 : *La couche de session (Session layer)* effectue l'aiguillage entre les divers services (7) qui communiquent simultanément à travers le même ordinateur connecté et le même réseau.

4 : *La couche de transport (Transport layer)* garantit au destinataire d'obtenir exactement l'information qui lui a été envoyée.

3 : *La couche réseau (Network layer)* isole les couches hautes du modèle qui ne s'occupent que de l'utilisation du réseau, des couches basses qui ne s'occupent que de la transmission de l'information.

2 : *La couche de données (Data link layer)* effectue le travail de transmission des données d'une machine à une autre.

1 : *La couche Physique (Physical layer)* définit les caractéristiques du matériel nécessaire pour mettre en œuvre le signal de transmission, comme des tensions, des fréquences, la description d'une prise...

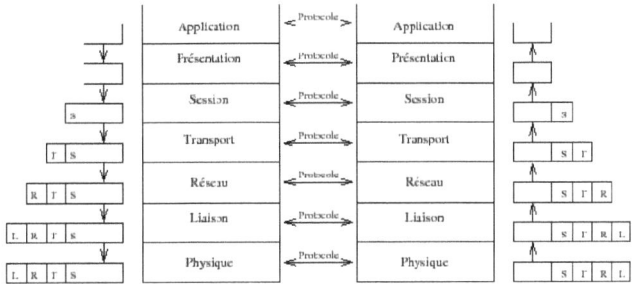

Figure 18 :Modèle en 7 couches de l'OSI

VI- Le Circuit de réseau ENC28J68

1. Introduction :

L'ARDUINO UNO n'est pas doté d'une connexion réseau en standard, mais on peut y ajouter un shield qui lui permet d'utiliser Ethernet. Le shield officiel est composé d'un circuit spécialisé qui est le W5100, qui comporte beaucoup de fonctionnalités mais présente l'inconvénient d'être onéreux et n'est pas disponible en boitier DIL. Pour notre cas on va utiliser un autre circuit qui est le ENC28J60 de Microchip.

En 2004, Microchip présente le premier contrôleur Ethernet 10BASE-T Qui communique via le bus SPI avec un microcontrôleur et ne comporte que 28 broches (boitier DIL). Ce contrôleur Ethernet dispose d'un module MAC et PHY intégré. Il comporte 8ko de mémoire tampon. L'ENC28J60 permet de minimiser la complexité de la mise en œuvre et de diminuer le coût.

Puisque l'ENC28J60 a un faible nombre de broches, il permet une intégration facile dans les montages embarqués. Il est disponible en boitier DIL (DIP), c'est la solution la moins chère pour connecter un projet au réseau Ethernet.

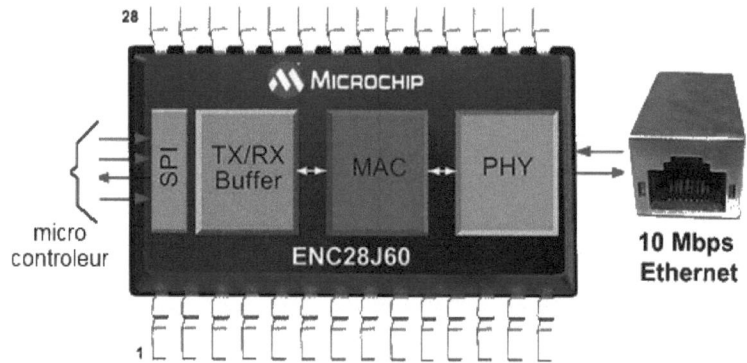

Figure 19 Architecture ENC28J60

2. Présentation de l'interface matérielle du ENC28J60 :

2.1. Principales entrées et sorties :

Le circuit ENC28J60 a un bus de communication SPI. La communication s'effectue en Full Duplex et peut atteindre jusqu'à 20MHz pour l'ENC28J60.

Le Circuit de réseau ENC28J68

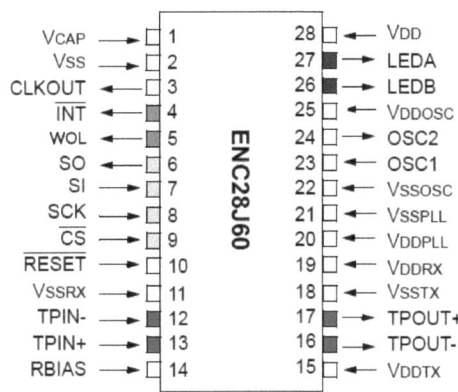

Figure 20 Brochage ENC28J68

2.2. Principales connexions électriques du circuit ENC28J60 :

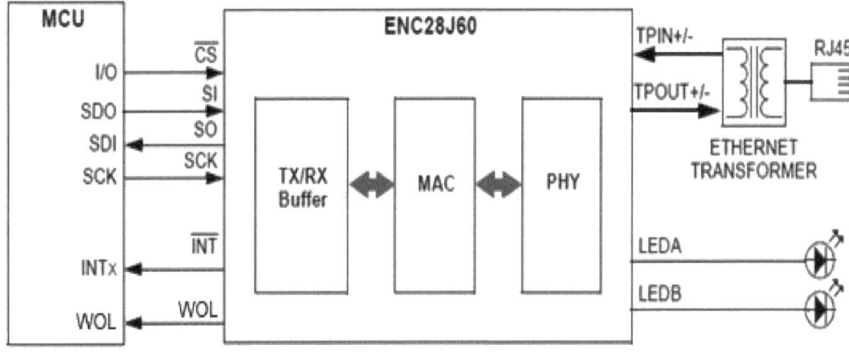

Figure 21 principales connexions électriques du circuit ENC28J60

Le bus SPI du ENC28J60 est composé de 4 liaisons principales :

- SCK (entrée) : Clock. Ligne d'horloge.

- SO ou MISO (sortie) : Master Input - Slave Output. Ligne de données séries en sortie.
- SI ou MOSI (entrée) : Master Output - Slave Input. Ligne de données séries en entrée.
- CS (entrée) : Chip Select. Ligne de sélection de l'esclave.

Le ENC28J60 dispose également de 2 liaisons optionnelles associées au bus SPI :

- INT (sortie) : Ligne d'interruption pouvant être activée pour détecter différents états de l'interface réseau .
- WOL (sortie) : Ligne d'interruption permettant d'implémenter la fonction Wake-On-Lan.

Les connexions différentielles TPout et TPin sont reliées au réseau Ethernet via un transformateur réseau d'isolement. Deux leds permettent de connaitre le statut de la connexion Ethernet sur le réseau.

2.3. Principaux blocs fonctionnels intégrés au ENC28J60 :

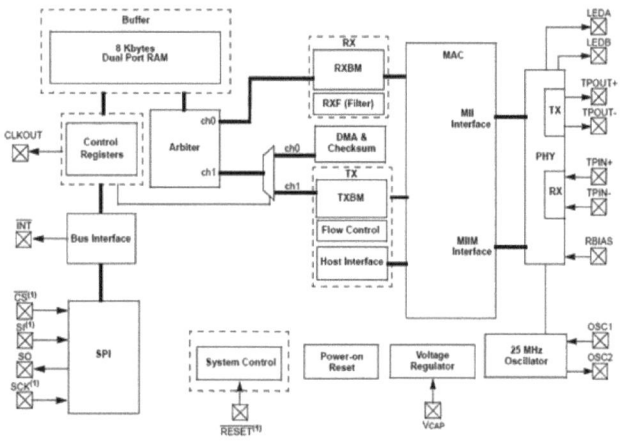

Figure 22 : Principaux blocs fonctionnels ENC28J60

L'ENC28J60 dispose de plusieurs blocs fonctionnels :

- Une interface SPI de communication avec l'extérieur.
- Une série de registres permettant de contrôler et de surveiller le fonctionnement global du circuit.
- Une mémoire RAM de 8ko.
- Un circuit aiguilleur pour l'accès à la mémoire RAM, qui permet de sélectionner un des trois éléments : la logique de réception, la logique d'émission ou le contrôleur DMA (Direct Memory Acces).
- Un module MAC répondant aux spécifications Ethernet IEEE 802.3 représentant un sous niveau du Data Link nécessaire au partage du canal de transmission.
- Un module PHY matérialisant la logique du niveau physique. Il se charge de traduire les signaux électriques provenant du câble réseau en fonction de la codification utilisée, c'est à dire le codage Manchester.
- Régulateur et oscillateur du ENC28J60 : Le régulateur est utilisé afin de stabiliser la tension interne à 2,5V à partir d'une alimentation électrique externe de 3,3V. L'oscillateur est cadencé par un quartz externe de 25MHz.
- Sections analogiques associées au circuit ENC28J60 : L'amplificateur à sorties différentielles TPout+ et TPout- nécessite une résistance de polarisation externe Rbias qui détermine l'amplitude du signal de sortie. Une valeur incorrecte peut empêcher l'ENC28J60 de communiquer avec d'autres périphériques sur le réseau. Selon les recommandations de Microchip la broche 14 doit être reliée à une résistance externe à 1%.

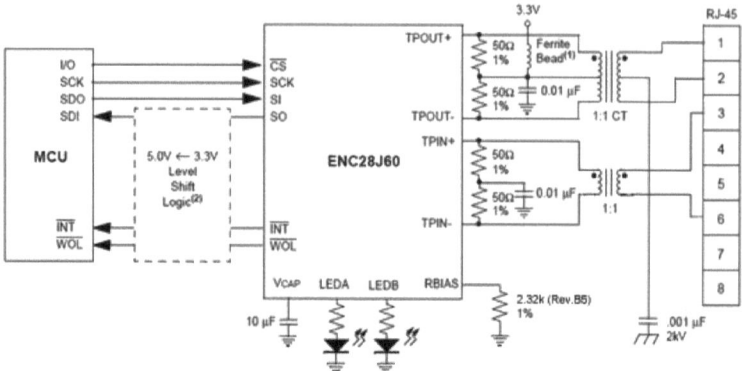

Figure 23 Interconnexion avec l'extérieur

La résistance Rbias doit être positionné le plus près possible de la broche 14 du ENC28J60 pour minimiser le bruit sur les sorties TPout.

Le condensateur de filtrage de 10µF relié à la broche 1(Vcap) doit être lui aussi positionné le plus près possible du circuit pour minimiser le bruit.

Selon les recommandations de Microchip il faut utiliser quatre résistances de 50ohms à 1% aux bornes de Tpout et Tpin reliées au transformateur réseau.

2.4. Transformateur réseau et embase MAGJACK :

Le module PHY du circuit est relié à quatre lignes différentielles Tpout+/- et Tpin+/- , et connecté au transformateur réseau. Ces lignes doivent avoir une isolation en mesure de protéger le dispositif des décharges électrostatiques (2kV ou supérieur) et posséder des bouchons adéquats constitués par des résistances de précision.

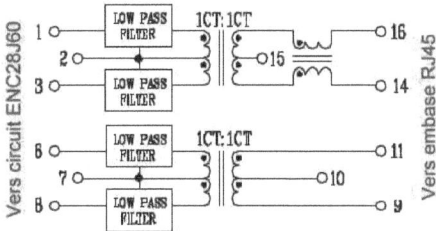

Figure 24 Structure interne d'un transformateur réseau.

Figure 25 Aspect d'un transformateur réseau. Ici le FB2022.

Il existe des fiches RJ45 qui intègrent le transformateur, ce qui permet de simplifier les montages

Figure 26 Aspect de l'embase avec transformateur intégré

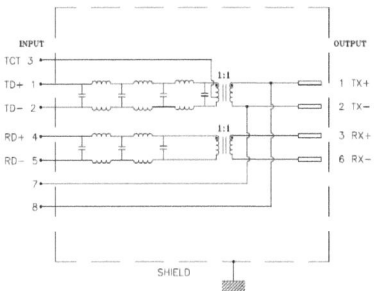

Figure 27 Schéma électrique interne équivalent de la fiche avec transformateur

En pratique il faut monter un petit bobinage à noyau de ferrite sur le point central du transformateur relié à la paire Tpout (+ et -). Il sera relié à la tension d'alimentation en 3,3V et supporte un courant minimum de 100mA, son rôle est de réduire les perturbations hautes fréquences véhiculées par la liaison Ethernet.

2.5. Adaptation des tensions :

L'ENC28J60 est alimenté en 3,3V et le microcontrôleur fonctionne sous 5V, les niveaux logiques sont différents, Donc il est important de prendre certaines précautions sur l'interconnexion avec un microcontrôleur fonctionnant sous 5V. Dans la documentation Microchip toutes les lignes d'entrée de l'interface SPI sont "5V tolérant". Donc nous pouvons relier directement ces broches au microcontrôleur alimenté sous 5V. Les sorties INT, WOL et SO doivent passer au travers d'un translateur de niveaux en technologie TTL rapide (74HCT). Microchip propose deux solutions utilisant soit un 74HCT08 (quad AND gate) soit un 74HCT125 (quad 3-state buffer).

VII- Carte mémoire

1. Introduction

Les cartes SD permettent des possibilités de stockage importantes jusqu'à 64Go et ce pour un coût faible, son interface pour la lecture et l'écriture depuis un micro contrôleur est facile à mettre en oeuvre , c'est pour quoi elles sont devenues les cartes les plus utilisées dans les systèmes embarqués ainsi les trouve-t-on dans les téléphones portables, GPS, appareils photos, etc.

Elles utilisent le système de fichier type FAT donc compatibles avec les ordinateurs.

Cette section permet de comprendre le fonctionnement des cartes SD et l'implémentation dans un système embarqué,

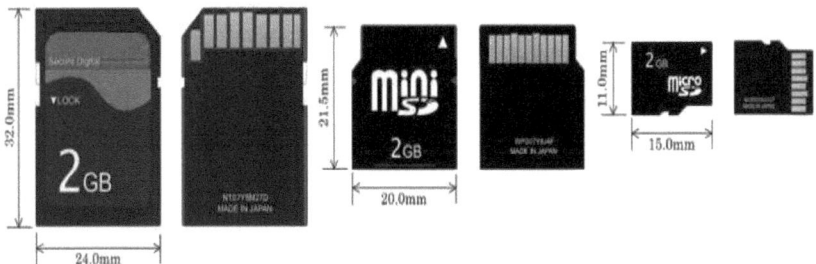

Figure 28 Différents types de carte mémoire

2. Interface électrique

L'interface d'une carte SD se fait (en général) avec neuf broches, dont 3 (1bit), 4 (SPI) ou 6 (4bits) sont utilisées pour la communication, les autres sont destinées à l'alimentation, ou voire inutilisées. Une carte SD peut fonctionner à une fréquence maximale de 50MHz et nécessite une alimentation entre 2.7V et 3.6V. Elle communique avec l'hôte en 3.3V et peut atteindre une vitesse de transfert théorique de 25MB/s.

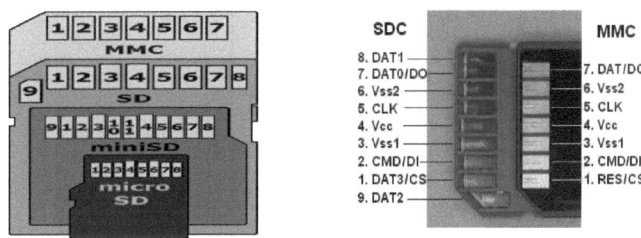

Figure 29 Représentation de différentes broches d'une carte SD

PIN	SD Mode			SPI Mode		
	Name	Type	Description	Nom	Type	Description
1	CD/DAT3	I/O/PP	Détection de la carte/ Ligne de données du connecteur 3	CS	I	Sélection de la puce à l'état bas
2	CMD	PP	Ligne de commande/Réponse	DI	I	Données d'entrée
3	Vss1	S	Tension d'alimentation (masse)	VSS	S	Tension d'alimentation
4	Vdd	S	Alimentation	VDD	S	Alimentation
5	CLK	I	Horloge	SCLK	I	Horloge
6	Vss2	S	Tension d'alimentation	VSS2	S	Tension d'alimentation
7	DAT0	I/O/PP	Ligne de donnée du connecteur 0	DO	O/PP	Données de sortie
8	DAT1	I/O/PP	Ligne de donnée du connecteur 1	RSV		
9	DAT2	I/O/PP	Ligne de donnée du connecteur 2	RSV		

Tableau 2 Brochage d'une carte mémoire

Il existe trois façons pour commander une carte SD selon le mode utilisé

1- Le mode SPI utilise le bus générique SPI (serial peripheral interface). La plupart des micro contrôleurs le supportent nativement. Il utilise 4 lignes : une pour l'horloge (CLK), une pour les échange hôte-carte (DI), une pour les échanges carte - hôte (DO) et une pour la sélection de la carte (CS).

2- Le mode SD 1bits est un protocole synchrone utilisant une seule ligne de donnée (DAT0) une ligne pour l'horloge(CLK) et une pour les commandes/réponses (CMD). Il est possible de partager le bus de donné et celui d'horloge entre plusieurs cartes SD.

3- Le mode SD 4bits est identique à celui 1 bits seulement qu'il utilise 4 lignes de données en parallèles.

3. Les fonctionnalités de la carte SD

Lors d'une communication, le maître contrôle tous les échanges, Une carte SD possède un contrôleur qui communique avec le maître, traite les commandes et renvoie les réponses et les données. Lors de la phase d'initialisation il ya échange des informations entre le maître et la carte suivant une séquence d'initialisation particulière via les lignes de commandes. Cette phase permet de connaitre le mode de communication (SD ou SPI) et vérifier la compatibilité de la tension utilisée par l'hôte avec la carte, Comme indiqué précédemment la carte SD communique en deux modes, mode SD et mode SPI.

CHAPITRE III : Etude Hardware

I- Introduction

Nous allons créer un système compatible arduino de point de vue logiciel et matériel, cela signifie que nous pouvons utiliser les mêmes logiciels qu'Arduino pour le programmer.

Nous voulons profiter au maximum des entrées /sorties du microcontrôleur, et en même temps intégrer le maximum de périphériques .Après une étude de différents systèmes nous avons conclu qu'un système embarqué doit comporter les éléments suivants :

- Horloge temps réel
- Connexion réseau
- Mémoire (avec rétention de données : EEPROM)
- Entrées analogiques 0-5V
- Sorties numériques pour commander des actionneurs (relais, valve…)

Etant donnée que nous avons dans notre microcontrôleur un nombre limité d'entrées/Sorties et que certains ont plusieurs fonctions, il faut bien choisir le type de communication avec les différentes périphériques et privilégier la communication série, qui consomme moins de ressources matérielle.

La disponibilité des composants, leur type de montage et la facilité de programmation sont aussi des critères à prendre en considération.

Nos recherches nous ont amenées à choisir une connexion via bus I2C pour l'horloge et l'EEPROM). La communication via bus ISP pour le réseau.

II- Alimentation

Le circuit d'alimentation doit fournir 2 types de tension, +5V et +3.3V et cela pour alimenter le microcontrôleur et les différents circuits. L'ATMEGA328 est alimenté en +5V, ainsi que le circuit RTC et EEPROM. Le circuit réseau fonctionne avec 3.3V, et si on va intégrer une carte SD celle-ci fonctionne aussi avec 3.3V. Cette Alimentation doit être stable pour garantir le bon fonctionnement du montage. Nous avons utilisé un montage simple et basique qui comporte un régulateur +5V et un régulateur +3.3V, d'où le montage suivant :

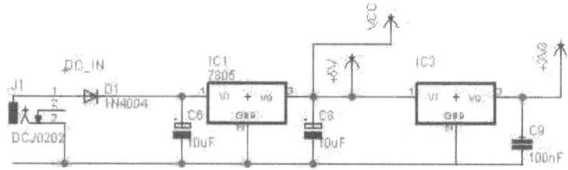

Figure 30 : circuit d'alimentation

Le montage est alimenté par une tension continue qui peut varier de 6V à 35V au maximum pour fonctionner, la source doit fournir au minimum un courant de 1A.

Une diode est mise à l'entrée de l'alimentation afin de prévenir une inversion de polarité. En ce qui concerne les régulateurs ils ne nécessitent que des capacités pour fonctionner, le rôle de ces capacités est de filtrer le courant et supprimer d'éventuels parasites.

La tension +5V doit fournir un courant permettant d'alimenter les différents circuits et éventuellement des circuits externes. On a choisi un courant de 1A qui est largement suffisant (d'ailleurs c'est l'ampérage utilisé par un Arduino classique)

III- Horloge RTC

1. Introduction :

Une horloge temps réel (en anglais real-time clock ou RTC), est une horloge permettant un décompte très précis du temps, en vue de dater ou déclencher des évènements selon l'heure. Ce module fournit au microcontrôleur une information sur le temps. Il est réalisé avec le circuit très populaire DS1307 qui est un standard dans le domaine.

2. Le DS1307

Le DS1307 communique sur le bus I2C et permet de fournir l'heure (heure, minutes, secondes), date (jour, mois, année), une pile qui permet la rétention de date au moins de 9 ans (utilisation d'une pile lithium 41mAh). Il dispense aussi 56 Bytes de mémoire non-volatile disponible pour l'utilisateur.

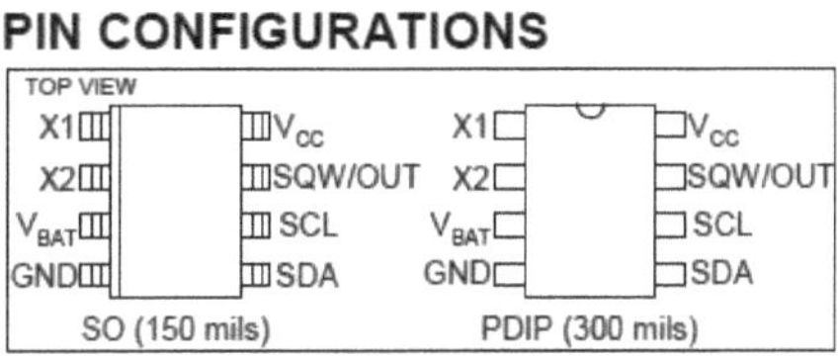

PIN CONFIGURATIONS

```
TOP VIEW
X1  [         ] Vcc          X1 [         ] Vcc
X2  [         ] SQW/OUT      X2 [         ] SQW/OUT
VBAT[         ] SCL          VBAT[        ] SCL
GND [         ] SDA          GND [        ] SDA
     SO (150 mils)               PDIP (300 mils)
```

Figure 31 Brochage du DS1307

Le DS1307 à 8 broches, 2 pour l'alimentation (4 ,8), 2 pour le quartz de 32.768Khz (1,2), 2 broches pour la communication I2C (5,6), une broche qui fournit un signal carré de fréquence 1hz et enfin une broche pour la batterie de sauvegarde qui doit être branchée entre la broche 3 et la masse (GND, 4).

Comme nous l'avons indiqué précédemment, l'esclave I2C doit avoir une adresse pour communiquer avec lui, le DS1307 est adressé au 11010000 (0x68)

Le constructeur recommande un branchement typique qui est présenté ci-dessous :

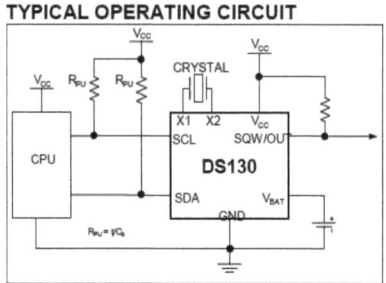

Figure 32 : Montage typique du DS1307

Nous avons adopté ces recommandations et réalisé le montage suivant :

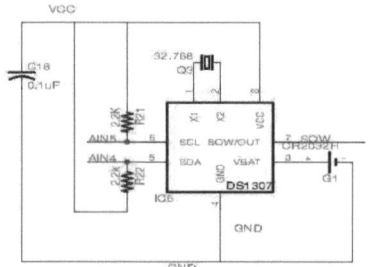

Figure 33 Montage du DS1307

La capacité permet de supprimer d'éventuels parasites sur l'alimentation.

La communication avec le microcontrôleur se fait sur les broches AIN4 et AIN5 (on va voir plus en détail lors de l'introduction du circuit du microcontrôleur)

Les résistances R21 et R22 sont des résistances de pull up , car les broches SCL et SDA sont en collecteur ouvert (voir précédemment présentation du protocole I2C), donc il faut prévoir ces résistances de pull up .

En pratique il est recommandé de brancher une pile dans l'emplacement prévu car diverses expériences montrent que le circuit se comporte bizarrement si cette pile n'est pas présente.

3. Simulation :

La simulation du montage est faite par le logiciel **proteus** qui permet de valider le circuit électronique et le logiciel.

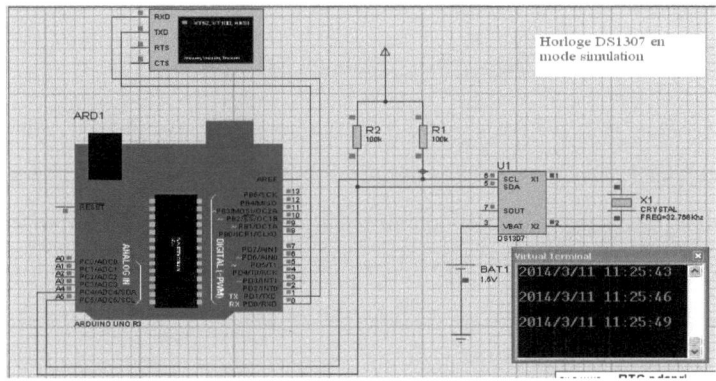

Figure 34 simulation RTC

IV- Eeprom

1. Introduction :

La mémoire EEPROM (Electrically-Erasable Programmable Read-Only Memory) ou en français *mémoire morte effaçable électriquement et programmable* est un type de mémoire morte qui ne s'efface pas lorsqu'elle n'est plus alimenté en électricité. Le contenu d'une EEPROM peut être facilement effacé à l'aide d'un courant électrique. Donc c'est une mémoire non volatile.

2. Circuit EEPROM 24LC512 :

Nous allons utiliser une EEPROM série qui communique via I2C qui est le 24LC512 qui se présente dans notre cas dans un boitier PDIP de 8 broches qui sont : A0, A1, A2, SCL, SDA, WP et l'alimentation Vcc et Vss. Ce circuit contient 512Kbits de mémoire, et permet plus d'un million d'opérations d'écriture.

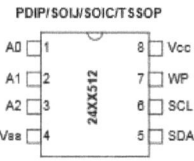

Figure 35 : brochage 24LC512

Les broches SCL et SDA sont les deux bus de communication I2C qui ont été détaillés auparavant. Les broches A0, A1 et A2 sont des bits d'adressage qui permettent d'opérer plusieurs circuits 24LC512 dans le même circuit, le 24LC512 à une adresse de 1010A2A1A0 donc si on met les bits d'adressage à 0 on aura une adresse du circuit 1010000 qui est 0X50 , et si on les met à 001 on aura une adresse 0X51 (1010001) . Cela permet d'adresser jusqu'à 8 EEROMs.

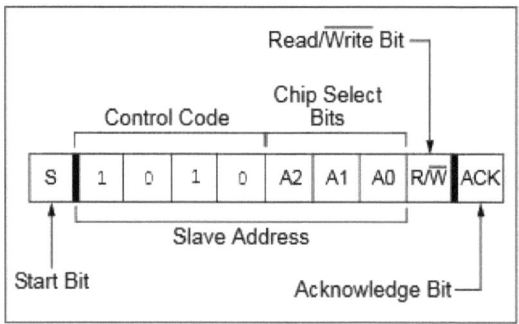

Figure 36 : Adressage d'un EEPROM 24LC512

La broche WP (Write Protect) permet de protéger le circuit en écriture s'il est relié à VCC, sinon il doit être relié à VSS (GND) pour permettre l'écriture. Dans les deux cas la lecture est possible.

3. Montage

Le 24LC512 sera relié à notre microcontrôleur via connexion I2C, donc aux deux ports AIN4 et AIN5. Le circuit de base sera suffisant pour le faire fonctionner.

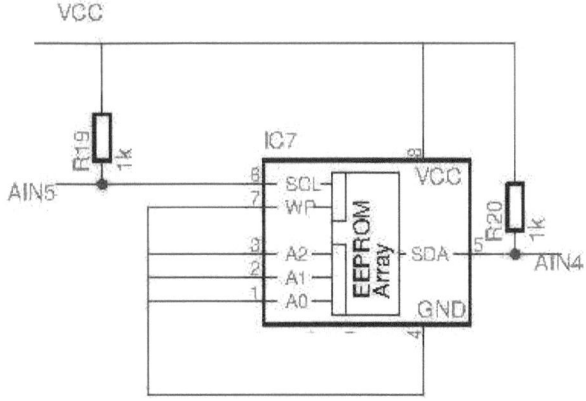

Figure 37 : Montage du 24LC512

Puisque les deux bus SCL et SDA sont à collecteur ouvert on doit utiliser des résistances pull up, qui doivent être de l'ordre de 1k à 10K sur tout le bus I2C et cela selon la vitesse de transmission et les capacités sur le bus. Ce qui signifie que si on a plusieurs circuits I2C sur le même bus on doit prendre en considération leur valeur totale. Donc dans le montage réel on va pas utiliser les résistances R19 et R20, qui sont remplacées par R21 et R22 qui ont été présentées auparavant dans le montage RTC.

4. Simulation :

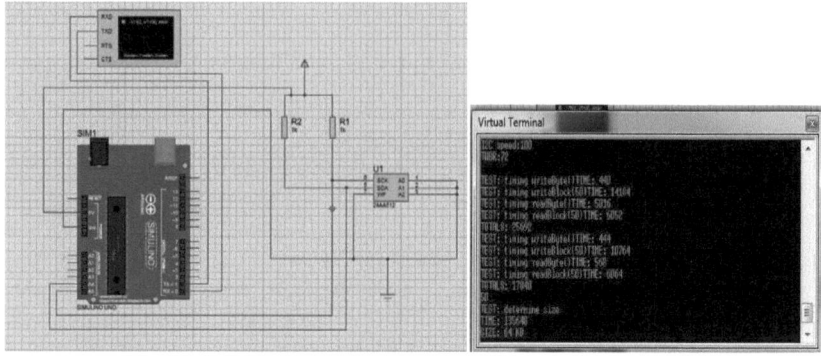

Figure 38 simulation EEPROM

V- Microcontrôleur

1. Introduction :

Le microcontrôleur est le cœur du montage, c'est autour de lui que sont organisés les différents circuits .Donc il est primordial au fonctionnement du système.

Le microcontrôleur utilisé est l'ATMEGA328 qui est utilisé dans l'ARDUINO Uno, l'implantation de base sera utilisée.

2. Montage :

Nous allons utiliser un circuit de base pour l'ATMEGA 328 qui est un circuit simplifié de l'Arduino.

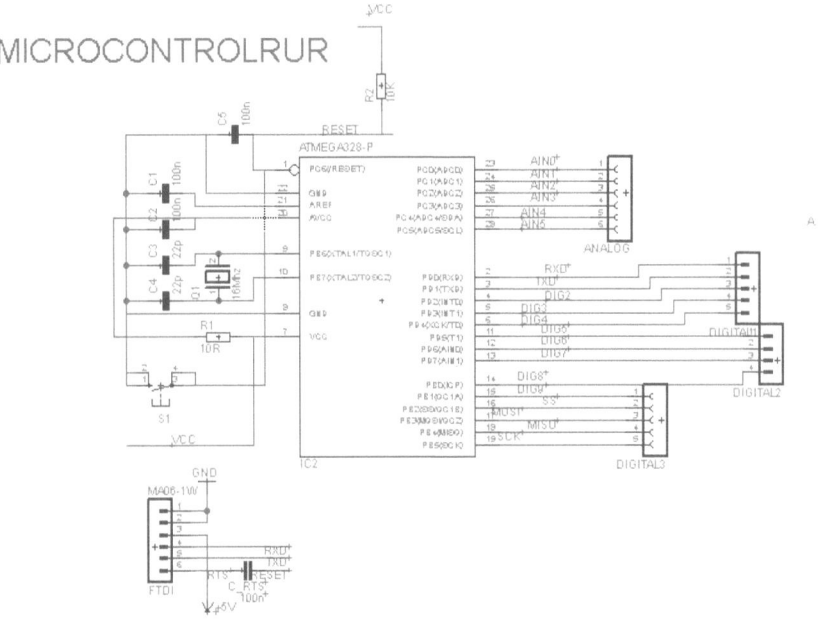

Figure 39 Circuit de base Arduino

Nous pouvons voir que les différents E/S sont indiqués. Le microcontrôleur utilise un Quartz de 16Mhz et deux capacités comme c'est indiqué dans la documentation officielle.

Les entrées analogiques AIN0...5, les E/S digitales sont marquées par DIG, et on voit aussi les broches du bus SPI (MOSI, MISO, SCK, SS).

Comme nous allons créer un système compatible Arduino, il faut bien étudier les ports d'entrées/sorties (E/S) disponibles dans ce système, car il faut savoir que certains de ses E/S ont plusieurs fonctionnalités et que nous allons choisir celle qui nous convient .Donc dans ce qui suit nous allons définir nos besoins et la fonctionnement de chaque E/S. Prenons une carte Arduino UNO, qui est présentée ci-dessous

Microcontrôleur

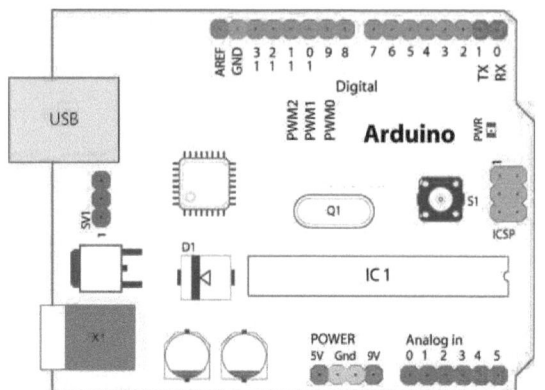

Figure 40 représentation d'une carte Arduino UNO

3. Entrées Analogiques (Analog in)

Ce sont 6 entrées analogique numérotées de 0 à 5 . Ces entrées sont interfacées en interne à un convertisseur analogique numérique (ADC) de 10 bits .elles supportent un signal allant de 0v à 5V. Mais il ne faut pas oublier que les entrées An4 et An5 peuvent aussi être utilisées en mode I2C (AN4=SDA , AN5=SCL) qui sera utilisé pour communiquer avec l'EEPROM et le RTC ; ce qui nous laisse seulement *4 entrées analogiques*

4. Entrées/Sorties Numériques (Digital)

Ce sont 14 E/S numériques numérotés de 0 à 13 qui peuvent être configurés individuellement et qui utilisent des signaux TTL (donc 0V et 5V). Mais il faut savoir que les E/S numérique peuvent avoir d'autres fonctions que nous allons utiliser :

- **D0 (RX) et D1 (TX) :** utilisés pour recevoir et transmettre les données séries en TTL
- **SPI: D10 (SS), D11 (MOSI), D12 (MISO), D13 (SCK) :** pour communiquer avec le circuit de réseau
- **D8:** pour le CS (chip select) du circuit réseau

Donc nous éliminons 7 E/S numériques ce qui nous laisse 7 qui sont :

D2,D3,D4,D5,D6,D7,D9

5. Programmation du microcontrôleur :

L'Arduino est programmé via le port USB, mais aussi peut être programmé via l'interface ICSP (In circuit serial programming). La programmation via port usb facilite la manipulation , mais l'implantation du circuit USB nécessite un circuit spécialisé (FT232R) qui est difficile à trouver et onéreux , et comme nous avons une contrainte de coût et notre montage sera utilisé dans un milieu industriel il ne saura pas donc nécessaire de le programmer plusieurs fois. En fait une fois programmé, le montage sera mis dans le milieu industriel et ne sera plus programmé. Le montage peut être programmé via l'interface série. Nous avons intégré un connecteur nommé FTDI qui permet de programmer le microcontrôleur via un câble spécial. Sinon il est possible de programmer via n'importe quelle interface série compatible TTL.

VI- Réseau

La partie réseau est importante dans notre montage car elle permet au système de communiquer avec le monde extérieur. Communiquer via Ethernet étend les possibilités de notre système.

1. Montage :

Le montage adopté est le suivant :

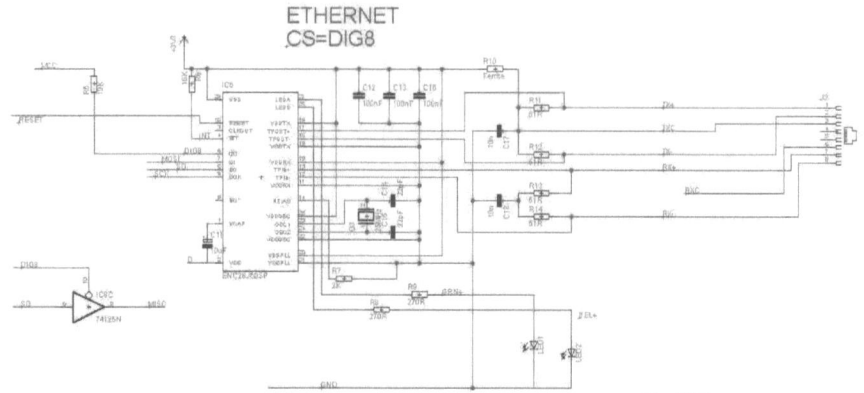

Figure 41 Montage réseau

Le montage reproduit les recommandations du constructeur. Le bus SPI est utilisé comme recommandé et l'adaptation des signaux est utilisée sur la broche MISO. En pratique il faut veiller à place R_{biais} (R7) et Vcap (C11) au plus prêt du circuit. Les capacités C12, C13 et C16 sont utilisées pour éliminer les parasites sur l'alimentation surtout que le circuit opère à une fréquence élevée (25Mhz). L'embase RJ45 utilisée est celle qui intègre le transformateur. Deux diodes LED sont utilisées pour indiquer l'activité du réseau.

Le circuit est sélectionné par la broche digitale 8 du microcontrôleur, nous ne pouvons pas utiliser la broche **SS** du microcontrôleur car nous voulons utiliser une architecture Maitre-Multi-esclave.

L'adaptation du signal MISO est assurée par un buffer à 3 états (74HCT125) alimenté en 5V, ce qui permet de changer le niveau logique haut du circuit ENC28J60 qui est de 3.3V vers un niveau logique haut de 5V compatible avec le microcontrôleur. Le port MISO ne sera actif que si le circuit ENC28J60 est sélectionné.

VII- Montage complet :

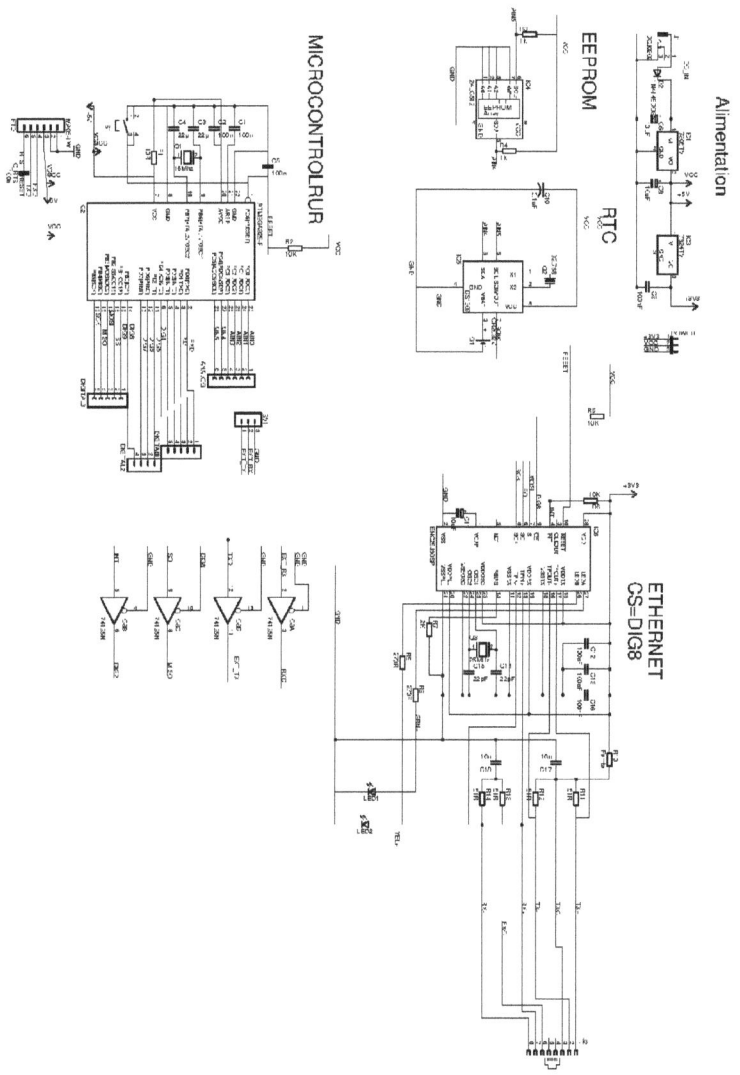

Figure 42: Montage complet de la carte

Montage complet :

Le montage complet pourra être téléchargé depuis internet sous format eagle en éffectuant une recherche du mot clé "***Badrduino***"

CHAPITRE IV : Etude du Logiciel

I- Introduction

La partie logicielle du projet est aussi importante que la partie matérielle, un matériel sans gestion adéquate ne permet pas de l'exploiter pleinement.

Dans ce chapitre on va détailler les bases de programmation des différents composants du système, ainsi n'importe qui voulant programmer la carte aura la possibilité de manipuler le programme et produire son programme personnalisé.

II-EEPROM

L'EEPROM communique sur le bus I2C, on doit le manipuler via la librairie « Wire.h » qui assure la communication entre le microcontrôleur et un système I2C. Cette librairie contient les fonctions suivantes : *begin()*, *requestFrom()*, *BeginTransmission()*, *endTransmission()*, *write()*, *available()*, *read()*, *onReceive()*, *onRequest()*

Ces fonctions assurent la communication avec l'EEPROM, pour cela on va créer un sketch qui écrit et lit une case mémoire de l'EEPROM.

On va créer une fonction nommée *eepromRead* qui a comme entrée l'adresse de la case mémoire, et qui permet de lire un bit de mémoire

```
byte eepromRead(byte highAddress, byte lowAddress)
{
    Wire.beginTransmission(ADDRESS);   //Adress : Adresse du circuit I2C
    Wire.write(highAddress);
    Wire.write(lowAddress);
    Wire.endTransmission(); // fin de transmission
    Wire.requestFrom(ADDRESS,1); // demande un bit de données de
l'adresse de l'eeprom
```

```
while(!Wire.available())
   {
   }
   return Wire.read();
}
```

On crée une fonction nommée *eepromWrite* qui permet d'écrire un bit de données à l'adresse indiquée :

```
void eepromWrite(byte highAddress, byte lowAddress, byte data)
{
  Wire.beginTransmission(ADDRESS);
  Wire.write(highAddress);
  Wire.write(lowAddress);
  Wire.write(data); //bit de données à écrire
  Wire.endTransmission();
}
```

Le programme complet qui permet de lire un bit de données du mémoire EEPROM peut être de cette forme :

```
#include <Wire.h>   //utilisation de la bibliothèque wire.h
#define ADDRESS 0x50  // variable Adress =0x50 adresse de notre circuit eeprom
```

```
void setup()   //fonction principale
{
   Serial.begin(9600); //activation du port de communication série à 9600bps
   Wire.begin();  //début de communication i2c
   delay(15);
   eepromWrite(0,5,125);  //écrire la valeur 125 à l'adresse 05 du mémoire
   delay(5);
   Serial.println(eepromRead(0,5)); //lire la valeur présente à l'adresse 05
}
void loop()
{
 }
void eepromWrite(byte highAddress, byte lowAddress, byte data)
{
  Wire.beginTransmission(ADDRESS); //début de transmission
  Wire.write(highAddress); //partie haute de l'adresse
  Wire.write(lowAddress); // partie basse de l'adresse
  Wire.write(data); //écriture de données
  Wire.endTransmission(); //fin de transmission
```

}

byte eepromRead(byte highAddress, byte lowAddress)

{

  Wire.beginTransmission(ADDRESS); //début de transmission

  Wire.write(highAddress); //partie haute de l'adresse

  Wire.write(lowAddress); // partie basse de l'adresse

  Wire.endTransmission();

  Wire.requestFrom(ADDRESS,1); // demande un bit de données de l'adresse de l'eeprom

  while(!Wire.available())

    {
    }

  return Wire.read(); //renvoyer la valeur à lire

}

    Communiquer avec un composant I2C est simple du point de vue logiciel, il faut simplement connaitre l'adresse du composant et l'emplacement de la donnée à lire. L'EEPROM sera utilisé ultérieurement pour sauvegarder des données, des paramètres de la carte.

III- RTC

Le circuit de l'horloge DS1307 communique aussi via I2C, donc on utilise la bibliothèque « wire.h » pour la communication,

```
#include "Wire.h"

#define DS1307_ADDRESS 0x68   //Adresse du DS1307

void setup(){

  Wire.begin();

  Serial.begin(9600);

}

void loop(){

  printDate();

  delay(1000);

}

byte bcdToDec(byte val)  {
// Convertir les valeur BCD( binary coded decimal)  vers décimal

  return ( (val/16*10) + (val%16) );

}
//Fonction pour afficher la date
void printDate(){


  Wire.beginTransmission(DS1307_ADDRESS);  //début de transmision
```

```
byte zero = 0x00;   //variable

Wire.write(zero);   //écrire la valeur

Wire.endTransmission();

Wire.requestFrom(DS1307_ADDRESS, 7); //début de lecture à partir de 07h

int second = bcdToDec(Wire.read()); //lecture des secondes

int minute = bcdToDec(Wire.read()); //lecture des minutes

int hour = bcdToDec(Wire.read() & 0b111111); //lecture des heures/application masque 24H

int weekDay = bcdToDec(Wire.read()); //lecture du jour de semaine (0-6)

int monthDay = bcdToDec(Wire.read()); //lecture de la date du jour

int month = bcdToDec(Wire.read()); //lecture mois

int year = bcdToDec(Wire.read()); //lecture année

//imprimer la date sur la console série

Serial.print(monthDay);

Serial.print("/");

Serial.print(month);

Serial.print("/");

Serial.print(year);

Serial.print(" ");
```

```
Serial.print(hour);

Serial.print(":");

Serial.print(minute);

Serial.print(":");

Serial.println(second);
}
```

Ce que nous avons présenté est la base de l'utilisation des différents circuits I2C, le programme final doit être mis dans des librairies et l'essentiel des fonctions doivent être codées dans ces librairies pour permettre de les appeler au besoin.

Il existe plusieurs librairies qui permettent une gestion complète de l'EEPROM et de la RTC, parmi elles des librairies qui sont libres de droit et utilisable librement..

IV- Entrées sorties numériques

Comme nous l'avons indiqué précédemment, nous avons des entrées/Sorties numériques qui peuvent être programmées individuellement. Pour programmer une broche on va utiliser la fonction *pinMode()* qui permet de programmer la broche en entrée : *pinMode(inPin, INPUT)*, **inPin** est le numéro de la broche digitale, ou de la programmer en sortie : *pinMode(outPin,OUTPUT)*, **outPin** est le numéro de la broche digitale. Ci-dessous un petit programme qui lit une broche et copie sa valeur dans une autre broche :

```
int ledPin = 13; // LED connectée à la broche n°13
```

```
int inPin = 7;   // un bouton poussoir connecté à la broche 7
int val = 0;     // variable pour mémoriser la valeur lue
void setup()
{
  pinMode(ledPin, OUTPUT);   // configure la broche 13 en SORTIE
  pinMode(inPin, INPUT);     // configure la broche 7 en ENTREE
}
void loop()
{
  val = digitalRead(inPin);   // lit l'état de la broche en entrée
                              // et met le résultat dans la variable
  digitalWrite(ledPin, val);  // met la LED dans l'état du BP
                              // (càd allumée si appuyé et inversement)
}
```

V- Entrées analogiques

Pour lire la valeur de la tension présente sur une broche analogique spécifiée on utilise la fonction *analogRead()*. Chaque entrée analogique est connectée à un convertisseur analogique-numérique 10 bits. Cela signifie qu'il est possible de transformer la tension d'entrée entre 0 et 5V en une valeur numérique entière comprise entre 0 et 1023. Il en résulte une résolution de : 5 volts / 1024 intervalles, autrement dit une précision de 0.0049 volts (4.9 mV) par intervalle. La fréquence maximale de conversion est environ de 10 000 fois par seconde, car une conversion analogique-numérique dure environ 100 µs (100 microsecondes soit 0.0001 seconde). Le syntaxe de la fonction est la suivante : *analogRead(broche_analogique)*. **Broche_analogique** indique le numéro de la broche analogique sur laquelle il faut convertir la tension analogique appliquée. Le résultat est une valeur entier (int) entre 0 et 1023 correspondant au résultat de la mesure effectuée

Exemple

 int analogPin = 3;   // on connecte une résistance variable (broche du milieu)
     //sur la broche analogique 3 les autres broches de la résistance sont
     // connectées l'une au 5V et l'autre au 0V
int val = 0; // variable de type int pour stocker la valeur de la mesure
void setup()
{
  Serial.begin(9600);   // initialisation de la connexion série
}
void loop()
{
  // on va lire la valeur de la tension analogique présente sur la broche
  val = analogRead(analogPin);
  // on affiche la valeur (comprise en 0 et 1023) dans la fenêtre terminal
  Serial.println(val);
}

VI- Réseau/Ethernet

Programmer la partie réseau du système est probablement la tâche la plus difficile du projet, car nous devons implanter les différentes couches du modèle OSI. Heureusement le projet Arduino est opensource ; pour cette raison nous trouvons plusieurs librairies qui gèrent le réseau sur le ENC28J60. Nous allons choisir une d'entre elles pour l'utiliser dans notre système. Il faut noter que chaque librairie est plus ou moins élaborée et certaines d'entre elles ont un support actif et continu tandis que d'autres ne sont mises à jour que rarement.

Nous avons choisi d'exploiter la librairie « UIPEthernet.h » (disponible sur le site https://github.com/ntruchsess/arduino_uip). Cette librairie permet de gérer de façon simple l'accès au réseau via le ENC28J60 et permet de gérer l'adresse DHCP, adresse Mac … et implémente les mêmes API que la librairie standard fournie avec Arduino.

Au début nous allons voir comment créer un serveur web avec lequel s'affiche l'état de différentes entrées analogiques de notre carte :

```
/*
    Serveur web simple
    Un serveur web qui affiche l'état de nos entrées analogiques A0-A3
*/
#include <SPI.h>
#include <UIPEthernet.h>
// Adresse Mac et Adresse IP de notre carte ,.
// Adresse MAC doit être Unique, aussi l'adresse IP
```

```
byte mac[] = {
  0xDE, 0xAD, 0xBE, 0xEF, 0xFE, 0xED };
IPAddress ip(192,168,1,100);
// Initialiser L'Ethernet
EthernetServer server(80);
void setup() {
 // Communication série
  Serial.begin(9600);
   // Démarrer la connexion Ethernet:
  Ethernet.begin(mac, ip);
  server.begin();
  Serial.print("Le serveur est actif sur  ");
  Serial.println(Ethernet.localIP());
}
void loop() {
 // Attend la connexion de clients
  EthernetClient client = server.available();
  if (client) {
    Serial.println("Connecté");
    //Lecture ligne de commande
    boolean currentLineIsBlank = true;
```

```
while (client.connected()) {
  if (client.available()) {
    char c = client.read();
    Serial.write(c);
    if (c == '\n' && currentLineIsBlank) {
      // Envoi réponse http standard
      client.println("HTTP/1.1 200 OK");
      client.println("Content-Type: text/html");
      client.println("Connection: close");
        client.println("Refresh: 10");
      client.println();
      client.println("<!DOCTYPE HTML>");
      client.println("<html>");
      // Afiiche les valeurs des différents entrées analogiques
        for (int analogChannel = 0; analogChannel < 3; analogChannel++) {
          int sensorReading = analogRead(analogChannel);
          client.print("Entrée analogique ");
          client.print(analogChannel);
          client.print(" vaut  ");
          client.print(sensorReading);
```

```
          client.println("<br />");
        }
        client.println("</html>");
        break;
      }
      if (c == '\n') {
        currentLineIsBlank = true;
      }
      else if (c != '\r') {
        // La ligne d'adresse contient un paramètre
        currentLineIsBlank = false;
      }
    }
  }
  delay(1);   // Temps pour que le navigateur reçoit les données
  // Fin de connexion
  client.stop();
  Serial.println("Fin de connexion");
  }
}
```

Comme vous l'avez constaté le code est relativement simple et permet d'afficher l'état de différentes entrées analogiques. Ce code affiche la page suivante :

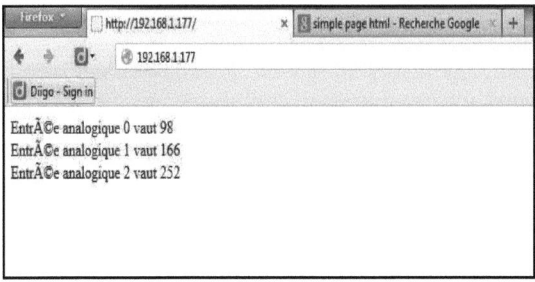

Figure 43: Simple serveur web

Nous allons implémenter un petit serveur qui peut activer et désactiver une entrée dont le numéro est passé en paramètre :

#include < UIPEthernet.h>

#include <SPI.h>

boolean reading = false;

///

//CONFIGURATION du serveur

///

//byte ip[] = { 192, 168, 1, 100 };   //Configuration manuelle

//byte gateway[] = { 192, 168, 0, 1 }; //Configuration manuelle

//byte subnet[] = { 255, 255, 255, 0 }; //Configuration manuelle

// Adresse MAC

```
byte mac[] = { 0xDE, 0xAD, 0xBE, 0xEF, 0xFE, 0xED };

EthernetServer server = EthernetServer(80); //port 80

////////////////////////////////////////////////////////

void setup(){

 Serial.begin(9600);

 //Les Broches libre sont configurés en sortie

 pinMode(2, OUTPUT);

 pinMode(3, OUTPUT);

 pinMode(6, OUTPUT);

 pinMode(7, OUTPUT);

 pinMode(9, OUTPUT);

 Ethernet.begin(mac); //Mode DHCP

 //Ethernet.begin(mac, ip, gateway, subnet); //pour le mode manuel

 server.begin();

 Serial.println(Ethernet.localIP());

}

void loop(){

 // Attente pour les connections entrante et manipulation des requêtes

 checkForClient();

}

void checkForClient(){
```

```
EthernetClient client = server.available();

if (client) {

  // La Requête HTPP se termine par un Blanc

  boolean currentLineIsBlank = true;

  boolean sentHeader = false;

  while (client.connected()) {

    if (client.available()) {

      if(!sentHeader){

        // Renvoie une réponse http standard

        client.println("HTTP/1.1 200 OK");

        client.println("Content-Type: text/html");

        client.println();

        sentHeader = true;

      }

      char c = client.read(); //Lecture

      if(reading && c == ' ') reading = false;

  if(c == '?') reading = true;  //On trouve le ?, Début de lecture des paramètres

      if(reading){

        Serial.print(c);

        switch (c) {

          case '2':
```

```c
        //Code pour activer la broche 2
        triggerPin(2, client);
        break;
    case '3':
        //Code pour activer la broche 3
            triggerPin(3, client);
        break;
    case '6':
        //Code pour activer la broche 6
        triggerPin(6, client);
        break;
    case '7':
        //Code pour activer la broche 7
        triggerPin(7, client);
        break;
    case '9':
        //Code pour activer la broche 9
          triggerPin(9, client);
        break;
    }
}
```

```
          if (c == '\n' && currentLineIsBlank)  break;
          if (c == '\n') {
            currentLineIsBlank = true;
          }else if (c != '\r') {
            currentLineIsBlank = false;
          }
        }
      }
    delay(1); // temps d'attente pour permettre au navigateur de traiter les données
    client.stop(); // Arrêt de la connexion
  }
}
void triggerPin(int pin, EthernetClient client){ //Clignote une broche.
   client.print("Broche ON ");
   client.println(pin);
   client.print("<br>");
   digitalWrite(pin, HIGH);
   delay(25);
   client.print("Broche OFF ");
   digitalWrite(pin, LOW);
```

delay(25);

}

Figure 44 : résultat du programme avec broche 3 passé en paramètre

CHAPITRE V : Réalisation pratique

I. Introduction

Au début de l'élaboration de notre projet nous nous sommes fixés des objectifs à atteindre à la fin de notre travail : La conception d'une carte compatible Arduino qui intègre différents éléments permettant de communiquer et de s'interfacer avec le monde externe.

Au cours de cette étude nous avons détaillés les différentes technologies utilisées et nous avons étudié leurs aspects théoriques. Au cours de cette étude nous avons tenu compte des aspects pratiques qui permettront de réaliser pratiquement ce que nous avons étudié.

L'un des contraintes que nous avons posées était de pouvoir réaliser ce projet sur un circuit imprimé simple face et d'utiliser des composants « through hole » et d'éviter les composants de type cms (component mounted surface : composants montés en surface), tout en conservant une dimension raisonnable de notre carte.

Toutes ces contraintes nous ont amenés à choisir des composants spécifiques pour ce projet.

II. Circuit Imprimé

Nous avons utilisé le logiciel *eagle* pour concevoir la carte. C'est un logiciel simple à utiliser et facile à prendre en main. Le routage est fait manuellement pour pouvoir produire une carte simple face avec une dimension de 12.8CmX10.5Cm..

Ainsi la carte reproduite sur le logiciel *eagle* est la suivante :

Circuit Imprimé

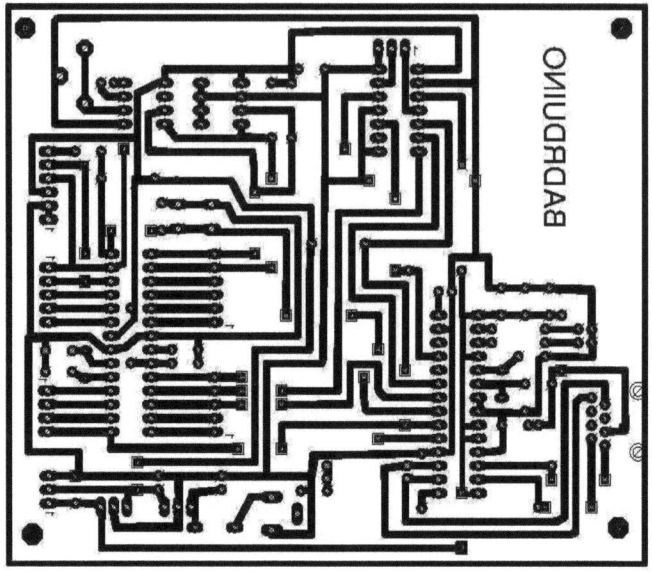

Figure 45: circuit imprimé côté cuivre

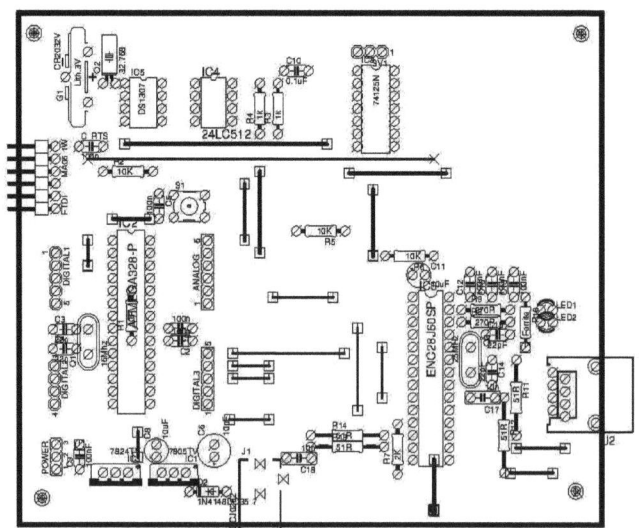

Figure 46: circuit imprimé côté composants

Glossaire

RISC: Reduced instruction set computer ou RISC (en français « microprocesseur à jeu d'instructions réduit ») est un type d'architecture matérielle de microprocesseurs qui se caractérise par un jeu d'instructions réduit, facile à décoder et comportant uniquement des instructions simples.

CISC : Un microprocesseur à jeu d'instruction étendu, ou complex instruction set computer (CISC) en anglais, désigne un microprocesseur possédant un jeu d'instructions comprenant de très nombreuses instructions mixées à des modes d'adressages complexes.

AVR : AVR est le terme utilisé par Atmel pour désigner le cœur du processeur et la famille de microcontrôleurs qui le mettent en œuvre.

PWM : La modulation de largeur d'impulsions (MLI ; en anglais : Pulse Width Modulation, soit PWM), est une technique couramment utilisée pour synthétiser des signaux continus à l'aide de circuits à fonctionnement tout ou rien, ou plus généralement à états discrets.

IDE: integrated development environment : environnement de développement

Bibliographie

1. The I2C-bus and how to use it(including specifications) http://www.i2c-bus.org/fileadmin/ftp/i2c_bus_specification_1995.pdf
2. Le BUS I2C par la pratique Auteur(s) : Pascal Morin Editeur(s) : Editions techniques et scientifiques françaises (ETSF)
3. Embedded Systems Architecture, A Comprehensive Guide for Engineers and Programmers, Tammy Noergaard
4. MintDuino by James Floyd Kelly and Marc de Vinck ISBN: 978-1-449-30766-0
5. Getting Started with Netduino by Chris Walker ISBN: 978-1-449-30245-0
6. Arduino pour bien commencer en électronique et en programmation- Par Astalaseven ,Eskimon et olyte
7. Livre : Arduino , http://fr.flossmanuals.net/arduino/
8. Site officiel Arduino : http://arduino.cc
9. http://fr.wikipedia.org/wiki/Arduino
10. cours I2C : http://stsserd.free.fr/Cours_sts2/Logique/
    http://en.wikipedia.org/wiki/Secure_Digital
11. http://kudelsko.free.fr/ENC28J60/ENC28J60.htm
12. site de la SD card asso ciation : http://www.sdcard.org/
13. La page wikip edia sur les cartes SD :
    http://en.wikipedia.org/wiki/Secure_Digital
14. STMicro electronics : http://www.st.com/
15. Des informations sur le mode SPI
    http://alumni.cs.ucr.edu/~amitra/sdcard/Additional/sdcard_appnote_foust.pdf

Oui, je veux morebooks!

i want morebooks!

Buy your books fast and straightforward online - at one of world's fastest growing online book stores! Environmentally sound due to Print-on-Demand technologies.

Buy your books online at

www.get-morebooks.com

Achetez vos livres en ligne, vite et bien, sur l'une des librairies en ligne les plus performantes au monde!
En protégeant nos ressources et notre environnement grâce à l'impression à la demande.

La librairie en ligne pour acheter plus vite

www.morebooks.fr

VDM Verlagsservicegesellschaft mbH
Heinrich-Böcking-Str. 6-8
D - 66121 Saarbrücken

Telefon: +49 681 3720 174
Telefax: +49 681 3720 1749

info@vdm-vsg.de
www.vdm-vsg.de

Printed by Books on Demand GmbH, Norderstedt / Germany